室内装修
常见问题速查

郭洪武　刘毅　编著

中国水利水电出版社
www.waterpub.com.cn

内 容 提 要

　　强化装修施工质量管理，塑造企业品牌和信誉，是当今室内装修施工企业增强竞争实力的重要手段。本书详尽阐述了建筑室内吊顶工程、墙柱面工程、门窗工程、隔断工程、楼梯工程、地面工程、细部及油漆工程，以及水电工程等方面对施工质量的具体规定和要求，对施工中常见的或易发的质量问题描述了现象、阐明了原因、提出了具体的处理和防控技术措施。全书图文并茂，应用性突出，可操作性强，通俗易懂。

　　本书可作为从事室内装饰装修行业一线技术人员在施工及质量验收方面的工具用书或培训教材，也可作为院校建筑装饰设计专业、室内与家具设计专业、环境艺术设计专业及木材科学与技术等专业师生的教学参考书。

图书在版编目（ＣＩＰ）数据

室内装修常见问题速查 / 郭洪武，刘毅编著. -- 北
京：中国水利水电出版社，2012.9
　　ISBN 978-7-5170-0213-0

Ⅰ. ①室… Ⅱ. ①郭… ②刘… Ⅲ. ①室内装饰设计
Ⅳ. ①TU238

中国版本图书馆CIP数据核字(2012)第229177号

书　　　名	室内装修常见问题速查
作　　　者	郭洪武　刘毅　编著
出 版 发 行	中国水利水电出版社 （北京市海淀区玉渊潭南路 1 号 D 座　100038） 网址：www.waterpub.com.cn E-mail：sales@waterpub.com.cn 电话：（010）68367658（发行部）
经　　　售	北京科水图书销售中心（零售） 电话：（010）88383994、63202643、68545874 全国各地新华书店和相关出版物销售网点
排　　　版	北京时代澄宇科技有限公司
印　　　刷	三河市鑫金马印装有限公司
规　　　格	145mm×210mm　32 开本　5.25 印张　118 千字
版　　　次	2012 年 9 月第 1 版　2012 年 9 月第 1 次印刷
印　　　数	0001—4000 册
定　　　价	18.00 元

前　言

随着经济的发展和人们生活水平的不断提高，人们对工作、居住环境质量提出了更高要求，室内装饰装修市场也得到了不断扩展。同时随着建筑水平的不断提高，工艺水平在发展，原材料不断更新，对室内装修工程施工的质量标准也有了新的要求，如何控制装饰装修的施工质量，已成为目前建筑装饰界亟待解决的问题。

室内装修工程施工质量是一个系统工程，只有对整体施工过程进行质量控制，才能从根本上提高室内装修工程施工水平。装修工程的施工质量控制包括事前控制、事中控制和事后控制，事前控制是防治、事中控制是关键、事后控制就是对质量的验收。要做好全面的施工质量控制，事前控制和事中监控就成了重中之重。其中，事前控制主要是指在图纸会审环节和施工组织设计环节。对室内装修工程施工质量只有通过事前有效地防治控制，之后的施工过程控制和事后的工程验收的结果才会得到较好的控制；事中控制主要是指在装修施工过程中进行的质量监控，质量管理人员应加强检查并做好各工序的验收工作。

本书主要从室内装修施工过程中各项工程易出现的质量问题出发，制定了解决相应问题的技术措施。其目的就是要提升从业人员的施工技术水平，保证室内装修工程的质量，减少因工程质量问题而引起的各种纠纷，进而从根本上提高室内装修工程整体质量水平。

本书编写过程中参考了大量书籍和有关资料，引用了部分文献和图片，在此一并表示感谢。由于编者业务水平有限，时间仓促，书中遗漏、错误之处在所难免，敬请各位专家、同行和广大读者不吝批评指正。

编者

2012 年 7 月

目　录

第 1 章　吊顶工程

　　吊顶是室内的天，也称天棚、顶棚或天花，是室内空间上部的结构层或装修层，也是室内装饰装修处理的重要部位。通过对室内天花的处理，可以表现出空间的形状，获得不同的空间感觉，同时可以延伸和扩大空间，给人的视觉起导向作用。此外，室内吊顶具有保温、隔热、隔声、吸音及安装照明、通风、烟感设备的作用。因此，吊顶质量的好与坏，关键在于材料质量和吊顶工艺操作的控制。吊顶工艺操作控制主要指吊顶的平整度、吊顶线条走向、吊顶面与设备之间关系的处理等。

本章导读

- 木龙骨吊顶
- 轻钢龙骨吊顶
- 开敞式吊顶

1.1 木龙骨吊顶

1.1.1 木龙骨吊顶施工质量要求

1. 木龙骨的安装质量要求

（1）木龙骨的品种、规格、等级产地及防腐、防虫、防火处理等应符合设计要求和有关标准规定。

（2）检验吊挂件的耐久性牢固程度，抽查螺栓的拉结力。

（3）检验龙骨骨架底面的平直度及较大面积吊顶的起拱情况；考虑到日后下垂，吊顶龙骨安装时，中心应按短边起拱 1/200。

（4）木龙骨无节疤，木龙骨接长要连结牢固，不允许有过大缝隙和松动现象。

（5）骨架内的灯具、有关设备及上人孔的留设位置、尺寸和相应的结构补强措施，均应符合设计要求并达到规定的强度，大于 3kg 的重型灯具、电扇及其他重型设备严禁安装在吊顶工程的龙骨上。

（6）吊顶所用的吊杆应有足够的强度，且与木龙骨、楼板连接牢固。

2. 胶合板吊顶罩面板工程质量要求

（1）必须选用符合国家标准和行业标准的合格板材，板材厚度应在 4mm 以上，板材不得脱胶、变色和腐朽；吊顶工程应对人造木板的甲醛含量进行复验。

（2）如设计要求木龙骨及板材在铺钉前需要进行防腐和防火处理，即必须涂刷或浸渍防火、防腐剂时，应使之充分干燥后可使用；木质材料在施工前及施工中均不得处于潮湿状态。

（3）吊顶的吊点、木格栅分格布置必须按设计要求保持足够的间距尺寸，重点部位应适当加密；吊顶边与墙面的连接要严密，且不能损伤墙面。

（4）板块的直角棱边宜采用修边处理，即刨成倒角，以便于嵌缝严密；同时注意板材无缝铺钉时不可强压就位，板块接头处略留间隙以适应罩面板膨胀时的变形余量。

（5）吊顶板面继续进行装饰时，采用装饰线板、线条宜选择软木材或其他新型优质材料成品，设置于罩面板收边或板缝部位的线条应装订于罩面层内的木龙骨上。

（6）胶合板安装的允许偏差见表 1.1。

表 1.1　胶合板吊顶罩面板工程质量的允许偏差

项目	允许偏差（mm）	检查方法	项目	允许偏差（mm）	检查方法
表面平整	≤ 2	用 2m 靠尺和楔形塞尺检查	接缝高低	≤ 0.5	用直尺和楔形塞尺检查

项目	允许偏差（mm）	检查方法	项目	允许偏差（mm）	检查方法
接缝平直	≤ 3	拉 5m 线检查，不足 5m 拉通线检查	压条间距	≤ 2	用尺检查
压条平直	≤ 3	拉 5m 线检查，不足 5m 拉通线检查			

3. 纸面石膏板吊顶罩面板工程质量要求

（1）纸面石膏板要求板面平整、无污痕；板的侧边平直，无缺棱掉角和亏料跑浆现象；纸基与石膏芯以及纸面接口必须黏结牢固。

纸面石膏板、龙骨的外观尺寸应符合表 1.2 的要求。

表 1.2　纸面石膏板、龙骨的外观尺寸的允许偏差

名　　称	允许偏差（mm）			
	长度	宽度	厚度	高度
纸面石膏板（一级）	0 ~ 5	0 ~ 5	± 0.5	—
纸面石膏板（二级）	0 ~ –6	0 ~ –6	± 1	—
龙骨	± 5	–1	—	± 1

（2）正确采用纸面石膏板的铺设方法，纵向铺板或横向铺板应以设计图纸为准；饰面板应在自由状态下固定，防止出现弯棱、凸鼓的现象；在棚顶四周封闭的情况下安装固定，防止板面受潮变形。

（3）纸面石膏板与龙骨固定，应从一块板的中间向四边进行固定，不得多点同时作业；板材应与覆面龙骨框架紧贴，推压钉件周围时板材无松动。

（4）自攻螺丝与纸面石膏板边的距离，用面纸包封的板边为 10 ~ 15mm，切割的板边为 15 ~ 20mm；螺钉周围的板面不应有开裂现象，钉孔不得过大，对于失效的钉件须在其附近补钉。螺钉应攻入板面，但不得损坏护面纸，如有钉件凸出应重新钉入。

（5）对于有防火、吸声等技术要求的吊顶，选用的材料品牌及实际质量应与设计相符；吊顶内填充吸声材料的品种和铺设厚度应符合设计要求，并应有防散落措施；顶棚上要求铺设矿物纤维材料的应固定正确，并且与发热电气设备之间要留有散热空间。

（6）使用嵌缝石膏腻子时，粉料与水搅拌保证水质及搅拌设备的洁净，要根据用量调制，在一定时间内用完，不得存放。在第二次嵌缝之前，必须进行中间检查，检查穿孔纸带的粘贴是否正确，应保证被石膏腻子覆盖。各道嵌缝工作，均应待前一道嵌缝腻子干燥后方可进行下一道嵌缝。在第二、第三道嵌缝处理时，要检查其嵌缝腻子表面是否均匀并向两边板面平滑过渡。最后要全面检查吊顶面所有的螺钉孔，应保证螺钉孔的填抹不被遗漏并处理平滑、干燥，必要时需进行补嵌，再进行砂光。

4. 玻璃镜面吊顶罩面板工程质量要求

（1）玻璃的品种、规格和颜色应符合设计要求；质量应符合有关材料标准。

（2）夹丝玻璃的裁割边缘上宜刷涂防锈涂料。

（3）镶嵌用的镶嵌条、定位垫块和隔片、填充材料、密封胶等材料的品种、规格、断面尺寸、颜色、物理及化学性质应符合设计要求。

（4）安装好的玻璃应平整、牢固，不得有松动现象。

（5）木压条接触玻璃处，应与裁口边缘平齐。木压条应互相紧密连接，并与裁口紧贴。

（6）拼接彩色玻璃、压花玻璃的接缝应吻合，颜色、图案应符合设计要求。

吊顶罩面板铺钉及嵌缝处理等工序全部完成，在进行装饰（喷涂或裱糊等表面装饰）之前，必须对工程质量做全面检查验收。主要应检查下列各项。

（1）罩面板不得有悬臂现象，必须与龙骨有固定。

（2）吊顶板的平整度，用2m靠尺检查其水平偏差应不大于3mm。

（3）保留明缝的板面采用明缝对直线，拉5m线（不足5m拉通线）检查，其直线度偏差不大于5mm。接缝处平直度偏差不大于2mm；接缝高低偏差不大于1mm。

（4）检查吊顶面与各种明露设备的关系，从顶棚表面的完整性和美观效果要求及保证使用为基本观点，对于灯盘、灯槽、空调送风口等，均应符合设计要求，有关管线必须预留到位。

1.1.2 木龙骨吊顶常见质量问题及防治措施

1.木龙骨安装中常见质量问题及防治措施

木龙骨安装中常见质量问题及防治措施，见表1.3。

表 1.3　木龙骨安装常见质量问题及防治措施

质量通病	原因分析	防治措施
吊顶罩面板安装后，罩面板布局不合理，造型不对称	（1）未在房间四周拉十字中心线。 （2）未按设计要求布置主次龙骨。 （3）铺安罩面板流向不正确	（1）按吊顶设计标高，在房间内的水平线位置拉十字中心线。 （2）严格按设计要求布置主次龙骨。 （3）中间部分先铺整块罩面板，余量应平均分配在四周最外边一块，或不被人注意的次要位置
（1）吊顶龙骨装钉后，其下面的拱度不均匀、不平整，甚至呈波浪形。 （2）吊顶龙骨周边或四角不平。 （3）吊顶完工后，经过短期使用产生凹凸变形	（1）龙骨材质不好，施工中难以调整。 （2）施工中未按要求弹线起拱，形成拱度不均匀。 （3）吊杆或吊筋间距过大，吊顶龙骨的拱度未调均，受力后产生不规则挠度。 （4）龙骨接头安装不平或硬弯，造成吊顶不平整。 （5）受力节点结合不严，受力后产生位移	（1）选用优质龙骨。 （2）按设计要求起拱，对于大面积平吊顶，起拱度一般为房间短向跨度的 1/200。 （3）龙骨尺寸应符合要求并按设计要求设置吊杆或吊筋。龙骨弯曲时应调整安装。 （4）龙骨节点应固结牢固，受力均匀，保证吊顶龙骨整体刚度。 （5）整个吊顶龙骨应固定在墙内，以保证其整体性。 （6）拱度调整可利用吊杆或吊筋螺栓

2. 木夹板安装中常见质量问题及防治措施

木夹板安装中常见质量问题及防治措施，见表 1.4。

表 1.4　木夹板吊顶常见质量问题及防治措施

质量通病	原因分析	防治措施
板材安装后，胶合板逐渐产生凹凸变形	（1）胶合板在使用中吸收空气中的水分，易产生凹凸变形。 （2）装钉板块时，板块接头未留空隙，吸湿膨胀后，没有伸缩余地，会使变形程度更为严重。 （3）对于较大板块，装订时未能使板块与吊顶龙骨全部紧贴，就从四角或四周向中心排钉装钉，板块内产生应力，致使板块凹凸变形。 （4）吊顶龙骨分格过大，板块易产生挠度变形	（1）应选用优质板材，胶合板应选用五层以上的椴木胶合板。 （2）装钉前，胶合板两面均匀涂刷一遍油漆，以提高吸湿变形能力。 （3）板材应截成小块后装钉。装钉时，必须由中间向两端排钉，以免板内产生应力而凹凸变形。板块接头拼缝留 3～6mm 的间隙，以适应板块膨胀变形要求。 （4）吊顶龙骨分格间距不宜超过 450mm，否则中间应加 25mm×40mm 的小龙骨，以防板块下挠。 （5）合理安排施工工序，当室内湿度较大时，应先吊装吊顶木龙骨，然后进行室内抹灰，待抹灰干燥后再装钉吊顶面层。但应注意周边的吊顶龙骨离墙面 20～30mm 的抹灰厚度，以便在墙面抹灰后装钉板块及压条
同一直线上的分格压条或板块明拼缝，其边楞不在一条直线上，有错牙、弯曲现象；纵横木压条或板块明拼缝分格不均、不方正	（1）吊顶龙骨安装时，拉线找直和规方控制不严；吊顶龙骨间距分得不均匀；龙骨间距与板块尺寸不符等。 （2）未按先弹线后按线装钉板块或木压条的顺序操作。 （3）明拼缝板块吊顶时，板块截得不方、不直或尺寸不准	（1）装钉吊顶龙骨，必须保证位置准确，纵横顺直、分格方正。做法是：吊顶前，按吊顶龙骨标高在四周墙面上弹线找平，然后在平线上按计算出的板块拼缝间距或压条分格间距，准确地分出吊顶龙骨的位置。确定四周边吊顶龙骨位置时，应扣除墙面抹灰厚度，以防分格不均；装钉吊顶龙骨时，按所分位置拉线找直、归方、固定，应注意起拱和平整度问题。 （2）板材应按分格尺寸截成板块。板块尺寸按吊顶龙骨间距尺寸减去明拼缝宽度（8～10mm）。板块要截得方正、准确，不得损坏棱角，四周要修去毛边，使板边挺直、光滑。 （3）板块装钉前，在每条纵横吊顶龙骨上按所分位置拉线弹出拼缝中线，必要时应弹拼缝边线，然后按墨线装钉板块。装钉时，若发现超线，应做修正，以确保缝口齐直、均匀。 （4）木压条应选用软质软材制作，其加工规格必须一致，平整光滑；装钉时，要先在板块上拉线，弹出压条分格墨线，然后沿墨线装钉压条，压条的接头缝应严密

8

木夹板安装完成图

3. 纸面石膏板吊顶安装中常见质量问题及防治措施

纸面石膏板吊顶安装中常见质量问题及防治措施，见表1.5。

表 1.5 纸面石膏板吊顶常见质量问题及防治措施

质量通病	原因分析	防治措施
纸面石膏板安装后，在拼板接缝处有不平整、错台现象	（1）操作不认真，龙骨未调平。（2）板材加工不符合标准。（3）螺钉的排钉装钉顺序不正确，多点同时固定，引起板面不平，接缝不严	（1）龙骨安装后拉通线检查其是否正确、平整，然后边安装边调平，满足板面平整度要求。（2）加工板材尺寸应保证符合标准，减少原始误差和装配误差，以保证拼板处平整。（3）固定螺钉应沿板的一个角或中线开始依次进行，以免多点同时固定引起的板面不平，接缝不严
罩面板下挠变形，吊顶面大面积不平整	（1）安装时由于未弹线，导致吊杆间距偏大，或吊杆间距忽大忽小等，吊杆构造不符合要求。（2）龙骨与墙面间距偏大，致使吊顶在使用一段时间后，挠度变形明显。（3）钉与纸面石膏板边的距离大小不均匀	（1）应按规定确定吊杆位置，按罩面板规格尺寸确定吊杆间距。（2）龙骨与墙面之间的间距应小于100mm。如选用大块板材，间距以不大于500mm为宜。（3）自攻螺钉与板边的距离不得小于10mm，也不宜大于16mm，板中间螺钉的间距宜取150～170mm。（4）板的长边应垂直于龙骨，以利于螺钉排列

纸面石膏板吊顶安装完成图

4. 玻璃镜面安装中常见质量问题及防治措施

玻璃镜面安装中常见质量问题及防治措施参照本书第3章门窗工程中 3.2 玻璃门窗安装质量问题及防治措施。

1.2 轻钢龙骨吊顶

1.2.1 轻钢龙骨吊顶施工的质量要求

1. 纸面石膏板吊顶

（1）所用龙骨系列、品种、规格、产地等均应符合设计要求。轻钢龙骨的外观质量、形状、尺寸、表面防锈及组件的力学性能等各项技术指标，均应符合《建筑用轻钢龙骨》（GB/T 11981—2008）的规定。

（2）轻钢龙骨的安装应执行国家现行施工规范的有关规定，应符合设计要求。应检查和测量吊杆、吊挂件、承载龙骨与覆面龙骨的间距、排布方式、挂插及连接方法等，是否符合该产品系列的组装规定及设计图纸的要求。在吊顶龙骨安装的中间验收时，主要检测下列项目。

1）检验吊挂件的耐久性牢固程度，抽查射钉及膨胀螺栓的拉结力；所有连接件、吊挂件要固定牢固，龙骨不能松动，既要有上劲，也要有下劲，上下都不能有松动。

2）龙骨骨架底面的平直度及较大面积吊顶的起拱情况；龙骨接长的配套连接件应与龙骨连接紧密，接缝不应超过 2mm，不允许有过大缝隙和松动现象；控制吊顶的平整度应从标高线水平度、吊点分布与固定、龙骨的刚度等几方面来考虑；标高线水平度准确要求标高基准点和尺寸要求准确，吊顶面的水平控制线应拉通线，线要拉直，最好采用尼龙线；对于跨度较大的吊顶，在中间位置加设标高控制点；吊点分布合理，安装牢固，吊杆安装后不松动不产生变形，龙骨要有足够的刚度。

3）吊筋应符合设计要求，吊筋与吊挂件连接应符合安装规范及有关要求，吊筋应平直，不得有弯曲现象。

4）上人吊顶龙骨安装后，其刚度应符合设计要求；注意龙骨与龙骨架的强度与刚度，骨架内的灯具、有关设备及上人孔的留设位置、尺寸和相应的结构补强措施；龙骨的接头处、吊挂处是受力的集中点，施工时应注意加固；如在龙骨上悬吊设备，必须在龙骨上增加吊点。

（3）罩面板铺钉时的工序验收，重点应检查下列事项。

1）应依设计规定正确采用纸面石膏板的铺设方向，纵向铺板或横向铺板应以设计图纸为准；纸面石膏板吊顶要表面平整，洁净，无污染；边缘切割整齐一致，无划伤，缺棱掉角。

2）板材应与覆面龙骨框架紧贴，推压钉件周围时板材无松动。

3）螺钉周围的板面不应有开裂现象，钉孔不得过大，对于失效的钉件须在其附近补钉。

4）螺钉应攻入板面（但不得损坏护面纸），如有钉件凸出要重新钉入。

5）对于有防火、吸声等技术要求的吊顶，其材料品牌及实际质量应与设计相符；顶棚上要求铺设的矿物纤维材料应固定正确，与发热电气设备之间要留有散热空间。

6）使用嵌缝石膏腻子时，粉料与水搅拌须保证水质及搅拌设备的洁净，要根据用量调制，在一定时间内用完，不得存放。在第二次嵌缝之前，必须进行中间检查，检查穿孔纸带的粘贴是否正确，应保证被石膏腻子覆盖。各道嵌缝工作，均应待前一道嵌缝腻子干燥后方可进行下一道嵌缝。在第二、第三道嵌缝处理时，要检查其嵌缝腻子表面是否均匀并向两边板面平滑过渡。最后要全面检查吊顶面所有的钉孔，应保证钉孔的填抹不被遗漏并处理平滑、干燥，必要时需进行补嵌，再进行砂光。

（4）吊顶罩面板铺钉及嵌缝处理等工序全部完成，在进行最终装饰（喷涂或裱糊等表面装饰）之前，必须对工程质量做全面检查验收，主要检查项目见表 1.6。

表 1.6　轻钢骨架纸面石膏板顶棚的允许偏差和检验方法

项类	项　目	允许偏差（mm）	检验方法
龙骨	龙骨间距	2	尺量检查
	龙骨平直	3	尺量检查
	起拱高度	±10	拉线尺量
	龙骨四周水平	±5	尺量或水准仪检查
罩面板	表面平整	2	用 2m 靠尺检查
	接缝平直	3	拉 5m 线检查
	接缝高低	1	用直尺或塞尺检查
	顶棚四周水平	±5	拉线或用水准仪检查

（5）检查吊顶面与各种明露设备的关系，从顶棚表面的完整性和美观效果要求及保证使用为基本观点，对于灯盘、灯槽、空调送

风口、消防烟雾报警器和喷淋头等，均应符合设计要求，有关管线必须预留到位；安装灯盘与灯槽时，要从吊顶平面的整体性着手，不能把灯盘和灯槽装得高低不平，与顶面衔接不吻合；安装自动喷淋头、烟雾器时，须安装在吊顶平面上，自动喷淋头必须通过吊顶平面与自动喷淋系统的水管相接；水管不能预留太短，否则自动喷淋头不能在吊顶面与水管连接，另外，喷淋头边不能有遮挡物。

2. 矿棉吸音板吊顶

矿棉吸音板是一种以矿棉为主要材料，加入适量的黏结剂、防潮剂、防腐剂，经加工、烘干、饰面而形成的一种新型吊顶装饰材料。矿棉吸音板表面处理形式丰富，板材有较强的装饰效果。表面经过处理的滚花型矿棉板俗称"毛毛虫"，其表面布满深浅、形状、孔径各不相同的孔洞。矿棉吸音板施工顺序：弹吊顶标高线→划吊杆位置线→钉边龙骨→管线位置校正→安装龙骨及吊顶→安装吸声板→检查清理。

（1）轻钢龙骨的安装施工的质量要求与上述纸面石膏板吊顶施工的质量要求基本相同。

（2）罩面板的安装质量要求与上述纸面石膏板作为基层板的安装固定质量要求基本相同。

（3）矿棉吸音板吊顶罩面工程质量允许偏差见表1.7。

表 1.7　矿棉吸音板吊顶罩面工程质量的允许偏差和检验方法

项　　目	允许偏差（mm）	检验方法
表面平直	2	用 2m 靠尺和楔形塞尺检查
接缝平直	3	拉 5m 线检查，不足 5m 拉通线检查
接缝高低	1	用直尺和楔形塞尺检查
接缝间距	2	用尺检查

3. 铝合金装饰板吊顶

（1）轻钢龙骨安装施工的质量要求与上述轻钢龙骨纸面石膏板吊顶施工中龙骨的安装质量要求基本相同。

（2）铝合金装饰板饰面允许偏差见表 1.8。

表 1.8　铝合金装饰板饰面的允许偏差和检验方法

项　　目	允许偏差（mm）	检验方法
表面平直	2	用 2m 靠尺和楔形塞尺检查
接缝平直	≤ 1.5	拉 5m 线检查，不足 5m 拉通线检查
接缝高低	1	用直尺和楔形塞尺检查
接缝间距	2	用尺检查

1.2.2　轻钢龙骨吊顶施工常见质量问题及防治措施

1. 纸面石膏板吊顶常见质量问题及防治措施

纸面石膏板吊顶常见质量问题及防治措施，见表 1.9。

表 1.9　纸面石膏板吊顶常见质量问题及防治措施

质量通病	原 因 分 析	防 治 措 施
吊顶龙骨拱度不均匀	龙骨材质不好，施工中难以调整	选用优质龙骨
	施工中未按要求弹线起拱，形成拱度不均匀	按设计要求起拱，对于大面积平吊顶，起拱度一般为房间短向距离的 1/200
	吊杆或吊筋间距过大，吊顶龙骨的拱度未调匀，受力后产生不规则挠度	龙骨尺寸应符合要求并按设计要求设置吊杆或吊筋。龙骨弯曲时应调整安装
	龙骨接头安装不平或硬弯，造成吊顶不平整	龙骨接点应固结牢固，受力均匀，保证吊顶龙骨整体刚度
	受力节点结合不严，受力后产生位移	整个吊顶龙骨应固定在墙内，以保证其整体性可利用吊杆或吊筋螺栓调整拱度

质量通病	原 因 分 析	防 治 措 施
吊顶面层变形	板层接头未留空隙，板材吸湿膨胀易产生凹凸变形	按设计要求预留伸缩缝，接缝应落在覆面龙骨上，双层板的接缝应错开
	板块装顶时，板块与龙骨未贴紧，或从四边向中心排顶安装，致使板块凹凸变形	铺钉面板时应从中心向四周铺钉，钉距150～170mm
	龙骨分格过大板块产生挠度变形	控制覆面龙骨的中距，一般控制在500～600mm，对于潮湿地区的吊顶，其覆面龙骨的中距宜为300mm，或选用耐水纸面石膏板作罩面板或采取防潮措施
吊顶面板裂缝	吊顶板迅速干燥收缩	空气湿度对板材的胀缩影响大，环境湿度过大，石膏板吸水膨胀，湿度下降时又会释水收缩，因此应按规范要求的湿度下施工，一般湿度不宜超过70%
	施工不当	施工时，必须根据施工组织设计按规范和程序文明施工，严格工序检查和中间验收
		对于非上人吊顶严格禁止施工人员踩踏
	被人为踩踏	吊顶裂缝修复办法是将裂缝处的饰面及嵌缝材料取下，调整和修理吊顶结构，重新铺钉饰面和嵌缝
小幅面方形板吊顶中接缝装钉不直，分格不均匀、不方正	龙骨安装时，拉线找直和归方控制不严，龙骨间距分得不均匀	按板块尺寸控制龙骨中距，保证分格均匀，如对600mm×600mm板块，对于封缝安装，龙骨中距应控制在600mm，对于明缝安装，应控制在608mm
小幅面方形板吊顶中接缝装钉不直，分格不均匀、不方正	未按先弹线后安装板块进行操作	安装龙骨时，按位置拉线找直、归方、固定，注意顶面起拱及平整
		板块裁切要求方正，不得有棱角，板边应挺直光滑
	板块裁切不方正或尺寸不准	板层铺钉前，应在每条纵横龙骨上按所分位置弹出拼缝中心线及边线，然后按弹线铺钉，发现超线及时修理

续表

质量通病	原 因 分 析	防 治 措 施
吸声板吊顶的孔距排列不均匀	未按设计要求制作样板，板块及孔位加工精度不高，偏差大，致使排列不均	用5mm钢板制作样板，按样板装匣铝孔。对成品吸声板应检查板块的方正和孔距的排列均匀性
	铺钉时拼缝不直，分格不均、不方正	同"小幅面方形板吊顶中接缝装钉不直，分格不均匀、不方正"

2. 矿棉吸音板吊顶

（1）吊顶骨架常见质量问题及防治措施参照上述纸面石膏板吊顶的有关内容。

（2）矿棉吸音板吊顶在使用中出现的变形问题，应注意施工时的有关要求：矿棉吸音板不宜使用于潮湿环境；矿棉吸音板在运输、存放及施工安装过程中不得受潮；矿棉吸音板不得受压、碰撞。

3. 铝合金装饰板吊顶

铝合金装饰板吊顶施工中常见质量问题及防治措施可参照纸面石膏板吊顶的相关内容。

1.3 开敞式吊顶

1.3.1 木格栅吊顶

1. 木格栅吊顶施工的质量要求

木格栅吊顶属于细木工活，是家庭装修中走廊、餐厅及较大顶梁等空间吊顶常用的方法。木格栅既能美化顶部，又能调节照明、增加环境整体装饰效果。木格栅吊顶施工主要质量要求如下所述。

（1）吊顶构造合理，设计大方，美观牢固，表面平整，颜色一致，灯光布置合理，终饰漆膜光整，无污染、无划痕。

（2）木格栅骨架制作前应测量顶棚准确尺寸。龙骨要精加工，表面抛光，接口处开榫，横、竖龙骨交接处应半开槽搭接，要进行阻燃剂涂刷处理。

（3）安装时应根据设计弹出标高控制线和吊杆安装线，在墙面及顶棚钻孔下木楔，顶栅吊件要用合乎要求的金属丝固定在龙骨的里面挂钩上。

（4）安装时要用整体吊装方法，把木格栅骨架整体置于标高线以上，同顶棚上的吊件连接，全部吊件与格栅骨架连接好后，通过调整吊件的长度对格栅面找平，把格栅骨架调整到与控制线平齐后，将四周的木龙骨固定在墙内的木楔上。

（5）对木格栅骨架要做饰面处理，一般粘贴材质好的木皮，安装照明灯具和收口装饰线条，灯具底座可在木格栅骨架制作时安装，吊装后接通电源。格栅内框装饰条应在地面装完，吊顶安装后装收口线条封边。木格栅装完后，还要进行饰面的清油涂刷。

2. 木格栅吊顶施工中常见质量问题及预防措施

木格栅吊顶常见质量问题及预防措施见表 1.10。

表 1.10　木格栅吊顶常见质量问题及预防措施

质量通病	原因分析	防治措施
格栅分格不均，不方正	结构墙面不方正或横竖格栅交叉处开口不垂直	（1）在放木格栅骨架前，要对基础墙面进行找方处理，先用尺测量各边长度及角的角度，如误差不大，可用腻子披刮墙面找方；如误差较大时，要先垫平木板，然后用腻子找平。 （2）在横竖龙骨格栅开槽搭接时，必须垂直，否则应修理后安装
表面不平、起拱有塌陷	施工接榫不严和木料变形、照明灯具过重等	（1）选择不易变形的松木做骨架，照明灯安在顶棚上或选购轻体的，防止吊顶荷载过重，要符合荷载规范的要求。 （2）如有拱起，可调整吊件，使顶面平整

其他问题参照前述木龙骨木质胶合板及轻钢龙骨纸面石膏板吊顶施工中，有关的吊顶施工质量要求，以及吊顶施工中常见质量问题与预防措施等的相关内容。

1.3.2 金属格栅吊顶

1. 金属格栅吊顶施工质量要求

（1）材料质量要求：所用金属龙骨的品种、形式、颜色等应符合设计要求；金属龙骨的外观质量及技术性能应符合《建筑装饰装修工程质量验收规范》（GB 50210—2001）的有关规定。对于有开孔要求的天花板，其开孔具体要求（如：孔径、开孔率、开孔间距等）须满足设计要求，对有吸音要求的天花板，其内贴吸音纸须满足设计要求。金属格栅吊顶材料的质量要求见表 1.11。

表 1.11 金属格栅吊顶材料的质量要求

项 目	验 收 标 准
铝合金型材的质量要求	（1）表面质量光洁、平整、无擦伤、流挂、露底。 （2）棱边弯曲度（‰）≤ 2。 （3）漆膜层附着力（级）≥ 1。 （4）漆膜层抗冲击强度（N.m）≥ 4。 （5）静载最大弹性变形量（mm）≤ 5。 （6）静载最大塑性变形量（mm）≤ 1。 （7）条板宽度尺寸偏差 B（mm）$-1 \leqslant B \leqslant 0$，条板高度尺寸偏差 H（mm）$-0.5 \leqslant H \leqslant 0$，条板对角线尺寸偏差 D（mm）$-2 \leqslant D \leqslant 0$

续表

项　目	验　收　标　准
铝合金表面涂层的质量要求	（1）室内烤漆涂层 ≥ 16μm。 （2）静电粉末喷涂 ≥ 50μm。 （3）室外烤漆涂层 ≥ 24μm。 （4）面板的吸声系数 ≥ 0.7。 （5）燃烧等级 A 级

（2）安装施工质量要求：其基本原则是牢固稳定、使用安全、分格均匀、线形顺直、表面平整，具体见表 1.12。

表 1.12　金属格栅安装施工的允许偏差和检验方法

项　目	允许偏差（mm）	检　验　方　法
整体平整度	2	用 2m 靠尺和楔形塞尺检查
接缝高低	1	用 2m 靠尺和楔形塞尺检查
格栅线形走向	<1.5	接 5m 线检查，不足 5m 拉通线检查
边部底面对标高线平直度	3	用 2m 靠尺和楔形塞尺检查

2. 常见质量问题及预防措施

金属格栅吊顶常见质量问题及预防措施可参考前述纸面石膏板吊顶施工的有关内容。

第2章 墙柱面工程

墙面是室内最大的围合面，无论在材料的利用，还是装饰手法上，都是最为丰富的界面。室内柱体装修施工在室内装饰工程中虽然工程量不大，但能体现装饰装修施工的技术水平。由于墙柱面处于室内的显著位置，距人们的视线近，而且与人们频繁接触。因此，要求墙柱面装饰造型准确，工艺处理精细。

本章导读

涂料涂饰施工

裱糊饰面施工

木质板材墙面施工

软包施工

玻璃镜面施工

瓷砖镶贴施工

石材饰面施工

金属板材施工

柱体结构施工

2.1 涂料涂饰施工

2.1.1 涂料涂饰施工质量要求

1. 水溶性、乳液型等薄质涂料

（1）所用材料的品种、质量、颜色必须符合设计要求和现行国家有关标准的规定，应使用行业推荐的产品和环保型产品。

（2）基层／基体处理必须符合施工验收规范的要求；施涂水性和乳液涂料时，基层含水率不得大于 10%，木材制品含水率不得大于 12%。

（3）涂料工程使用的腻子，应坚实牢固，不允许有掉粉、起皮、漏刷、透底现象；腻子干燥后应打磨平整光滑，并清理干净；外墙、厨房、浴室及卫生间等部位，应使用具有耐水性能的腻子；外墙涂料应使用具有耐碱和耐光性能的颜料，外墙涂料工程分段进行时，应以分格缝、墙的阴角处或落水管等为分界线，同一墙面应用同一批号的涂料。

（4）双组份或多组份涂料在施涂前，应按产品说明规定的配合比，根据使用情况分批混合，并在规定的时间内用完；所有涂料在施涂前和施涂过程中均应充分搅拌，涂料颜色须一致，无砂眼。

（5）涂料干燥前，应防止雨淋、尘土玷污和热空气的侵袭；不允许有返碱、咬色现象。

（6）涂料的工作黏度或稠度必须加以控制，施涂过程中不得任意稀释；流坠、疙瘩、溅沫、划痕等现象，若无明显处属于合格，没有则属于优良。

（7）喷点、刷纹等现象，在 1.5m 正视喷点均匀、刷纹顺直为合格；在 1m 正视喷点均匀、刷纹顺直为优良。

（8）面涂层平整度及装饰线、分色线的平直度偏差不大于 2mm 为合格；不大于 1mm 为优良。

（9）门窗、玻璃、灯具等要洁净。

2．喷塑型等厚质或多层涂料

（1）所用材料的品种、质量必须符合设计要求和有关标准的规定。

（2）基层处理无脱层、空鼓和裂缝等现象（空鼓而不裂的面积不大于 200mm^2 者，可不计）。

（3）表面颜色一致，花纹、色点大小均匀，不显接茬，无漏涂、透底、流坠，无污染。

（4）分格条（缝）宽度、深度均匀一致、平整光滑，棱角整齐，横平竖直、通顺。

（5）空洞、槽盒和管道后面的抹灰表面尺寸正确，边缘整齐光滑，管道后面平整。

（6）门、窗框与墙体间缝隙填塞密实、平整；护角材料高度符合施工规范规定，表面光滑平顺。

（7）立面垂直度允许偏差不大于 5mm；表面平整度允许偏差不大于 4mm；阴阳角方正度允许偏差不大于 4mm；阴阳角垂直度允许偏差不大于 3mm；分格条（缝）平直度允许偏差不大于 3mm。

2.1.2　涂料涂饰常见质量问题及防治措施

涂层易出现的质量问题及防治措施见表 2.1。

涂层开裂

涂层超皱

涂层起皮

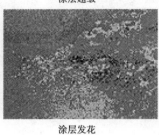

涂层发花

涂料施工常见
质量问题

表 2.1 质量问题及防治措施

项目	原　因	防治措施
流坠	涂料施工黏度过低，每遍涂膜又太厚	调整涂料的施工黏度，每遍涂料的厚度应控制合理
	滚筒或刷子蘸涂料过多；喷枪的孔径太大	滚筒或刷子应勤蘸、少蘸涂料，调整喷嘴直径
	涂饰面凹凸不平，在凹处积涂料太多	应尽量使基层平整，刷涂时用力均匀
	喷涂施工中喷涂压力大小不均，喷枪与施涂面距离不一致	高速空气压力机，气压一般在 0.4～0.6MPa。喷嘴与施涂面距离一致，并均匀移动
开裂	基体自身裂缝处理好	基体的裂缝，在刮腻子之前，必须采取有效措施处理好
	基层腻子未干透，含水率偏高	基层腻子厚薄均匀一致，干透后方可刷涂料
起泡	基层含水率偏高	应在基层充分干燥后，方可施工
	涂层固化成膜速度太快且不一致	应选择涂层或膜过度适中的涂料

续表

项目	原　因	防　治　措　施
起泡	喷涂时，压缩空气中有水蒸气水，与涂料混在一起	喷涂前，检查油水分离器，防止水气混入
	涂料的黏度较大，刷涂时易夹带空气进入涂层	涂料黏度不宜过大，一次涂膜不宜过厚
起皮	基层不洁净，影响涂层粘贴	在涂刷前，基层必须干燥清洁
	基层含水率偏高	在涂刷前，基层含水率必须控制在要求范围内，充分干燥后，方可施工
	涂料性能差，如附着力、稀稠不均	应选择附着力强，稀稠均匀的涂料
起皱	基层含水率偏高，或者是每一遍涂层未干透，就涂刷下一遍	基层要干透，保证前遍涂层干透后，方可涂下一遍
发花	混合色涂料没有搅拌均匀	在施工前，两种以上颜色混合均匀后方可涂刷
	涂层遮盖力差，涂刷不均匀	提高对基层的遮盖性，第一层涂料不能太稀，涂层薄厚要均匀一致

2.2 裱糊饰面施工

2.2.1 裱糊饰面施工质量要求

（1）基层处理要平整、干燥、无污染、无裂纹并具有足够的强度。

（2）基层表面平整度、阴阳角方正度（垂直度）允许偏差不大于2mm；立面垂直度允许偏差不大于3mm。

（3）裱糊工程完工后，必须待完全干燥后方能进行质量检查。

（4）裱糊工程的材料、品种、颜色、图案必须符合设计要求。

（5）裱糊工程质量应符合下列规定。

1）壁纸、墙布必须粘贴牢固，表面干净，颜色一致，不得有气泡、空鼓、裂缝、翘边、皱折和污点、斑迹，斜视时无胶痕等现象；斜视壁面有污斑，应将两布对缝时挤出的胶液及时擦干净，已干的胶液用温水擦洗干净。

2）表面平整，无波浪起伏。壁纸、墙布与挂镜线、顶角线、踢脚板及贴脸板、护墙板压顶条、窗帘盒、吊壁柜紧密，无缝。距离裱糊面1.5m处正视，不得有明显缝隙。

3）各幅拼接横平竖直，接缝处花纹、图案吻合，不离缝、不搭接，距离墙面1.5m处正视，不显拼缝。

4）裱糊墙布时，应在电门、插销处裁破布面露出设施；阴阳角垂直，棱角分明，阴角处搭接顺光，阳角处无接缝，阳角不允许对缝，更不允许搭控，客厅、明柱正面不允许对缝；门、窗口面上不允许加压布条。

5）壁纸、墙布边缘平直整齐，不得有毛刺、飞刺；墙布面的花与花之间空隙应相同，对花端正、颜色一致，无空鼓、气泡，无死褶。

6）不得有漏贴、补贴和脱层等缺陷。

2.2.2　裱糊饰面施工常见质量问题及防治措施

裱糊饰面施工易出现的质量问题及防治措施，见表 2.2。

表 2.2　裱糊饰面施工质量问题及防治措施

项目	质量通病	防 治 措 施
基层处理不当	腻子裂纹	腻子稠度适中，胶液应略多些
		对孔洞凹陷处应特别注意清除灰尘、浮土等，并涂一遍胶黏剂，当孔洞较大时，腻子胶性要略大些，并分层进行，反复刮抹平整、坚实
		对裂纹大且已脱离基层的腻子，要铲除干净，处理后重新刮一遍腻子，孔洞处的半眼，蒙头腻子须挖出，处理后再分层刮平整
	透底、咬色	清除基层油污。表面太光滑时，先喷一遍清胶液，表面颜色太深时，可先涂刷一遍浆液
		如粉饰颜色较深，应用细砂纸打磨或刷水起底色，再刮腻子刷底油
		挖掉基层有裸露铁件，否则须刷防锈漆和白厚漆覆盖
		对有透底或咬色弊病的粉饰，要进行局部修补，再喷 1 ~ 2 遍面浆覆盖
裱糊表面弊病	死褶	选择材质优良的壁纸、墙布
		裱贴时，用手将壁纸舒平后，才可用刮板均匀赶压，特别是出现皱折时，必须轻轻揭起壁纸慢慢推平，待无皱折时再赶压平整
		发现有死褶，若壁纸未完全干燥可揭起重新裱贴，若已干结则撕下壁纸，基层处理好后重裱
	翘边（张嘴）	基层灰尘、油污等必须清除干净、控制含水量。若表面凹凸不平时，须用腻子刮抹
		不同的壁纸选择相适宜的胶黏剂

项目	质量通病	防 治 措 施
裱糊表面弊病	翘边（张嘴）	阴角搭缝时，先裱贴压在里面的壁纸，再用黏性较大的胶黏剂黏贴面层，搭接宽度不大于3mm，纸边搭在阴角处，并保持垂直无毛边，严禁在阳角处甩缝，壁纸应裹过阳角不小于2cm，包角须用黏性强的胶黏剂，并压实，不得有气泡
		将翘边翻起，检查产生原因，属于基层有污物的，待清理后，补刷胶黏剂黏牢；属于胶黏性小的，则换较强黏性的胶，如翘边已坚硬，应加压，待黏牢平整后才能去掉压力或撕掉重裱
	壁纸脱落	做好卫生间墙面防水处理，特别注意浴缸下口处及穿墙管部位，防止局部渗水影响墙面
		将室内易积灰部位，如窗台水平部分，用湿毛巾擦拭干净
		不用变质胶黏剂，胶黏剂应在规定时间内用完，否则重新配制
	表面空鼓（气泡）	基层严格按要求处理，石膏板基层的起泡、脱落须铲除干净，重新修补好
		裱贴时严格按工艺操作，须用刮板由里向外刮抹，将气泡和多余胶液赶出
		胶黏剂涂刷须厚薄均匀，避免漏刷，为了防止不均，涂刷后可用刮板刮一遍，回收多余胶液
		由于基层含水率过高或空气造成的空鼓，应用刀子割开壁纸，放出潮气或空气，或者用注射器将空气抽出，再注射胶液贴压平实；壁纸内含有多余胶液时也可用注射器吸出胶液后再压实
	颜色不一致	选用不易褪色且较厚的优质壁纸，若色泽不一，须裁掉褪色的部分。基层颜色较深时应选用颜色深、花饰大的壁纸
		基层含水率大于8%才能裱糊，并避免在阳光直射下或在有害气体环境中裱糊
		有对称花纹或无规则花纹壁纸有色差时可用调头粘贴法
		有严重颜色不一的饰面，须撕掉重新裱贴
各幅拼接不当	壁纸离缝或亏纸	壁纸裁前应复核墙面实际尺寸，裁切时要手劲均匀，一气呵成，不得中间停顿或变换持刀角度。壁纸尺寸可比实际尺寸略长1~3cm，裱贴后上下口压尺分别裁割多余的壁纸

续表

项目	质量通病	防 治 措 施
各幅拼接不当	壁纸离缝或亏纸	在赶压胶液时，由拼缝处横向往外赶压，不得斜向或由两侧向中间赶压
		对于离缝或亏纸轻微的壁纸，可用同色的乳胶漆点描在缝隙内；对于较严重的部位，可用相同的壁纸补贴或撕掉重贴
裱糊表面弊病	不垂直	裱贴前，对每一墙面应选弹一垂线，裱贴第一张壁纸须紧贴垂线边缘，检查垂直无偏差方可裱贴第二张，裱贴 2～3 张后就用吊锤在接缝外检查垂直度，及时纠偏
		采用接缝法裱贴花饰壁纸时，先检查壁纸的花饰与纸边是否平行，如不平行应裁割后方可裱贴
		基层阴阳角须垂直、平整、无凹凸，若不符合要求，须修整后才能裱贴
		发生不垂直的壁纸应撕掉，基层处理后重新裱贴
	不平整	抹灰基层，必须验收合格
		不合格的基层，不应裱糊
	表面不干净	擦拭多余胶液时，应用干净毛巾，随擦随时用清水洗干净
		保持操作者的手、工具及环境的洁净，若手沾有胶，应及时用毛巾擦净
		对于接缝处的胶痕应用清洁剂反复擦净

2.3 木质板材墙面施工

2.3.1 木质板材墙面施工的质量要求

（1）所用材料品种、质量及构造作法应符合设计要求和有关标准的规定。

（2）接触砖、石砌墙或混凝土墙的木龙骨架、木楔或预埋木砖及木装饰线，应做防腐处理。龙骨材料及木线应干燥、顺直、无开裂、无变形、无弯曲。

（3）钉胶合板、木线的钉头应嵌入其表面。对于板面齐平的钉子、木螺钉应镀锌，金属连接件、锚固件应做防腐处理。

（4）如果采用油毡、油纸等材料做木墙身、木墙裙的防潮层时，应铺设平整，接触严密，不得有褶皱、裂缝和透孔等。

（5）门窗框板与罩面的装饰面板齐平，并用贴脸板或封边线覆盖接缝；接缝宽窄一致、整齐、严密；压条宽窄一致、平直。

（6）隐蔽在墙内的各种设备底座，设备管线应提前安装到位，并装嵌牢固，其表面应与罩面的装饰板底面齐平。

（7）木装饰墙下面若采用木踢脚板，其罩面装饰板应离地面20～30mm；如果采用石材踢脚板，其罩面装饰板下端应与踢脚板上口齐平，接缝严密。在粘贴石材踢脚板时，不得污染罩面装饰板。

（8）板材表面平整度允许偏差不大于2mm；接缝平直度允许偏差不大于3mm；接缝高低允许偏差不大于1mm；压条平直度、间距允许偏差不大于2mm。

2.3.2　木质板材墙面施工常见质量问题及防治措施

木质板材墙面施工易出现的质量问题及防治措施，见表 2.3。

表 2.3　木质板材墙面施工质量问题及防治措施

质量通病	原因分析	防治措施
墙面与接缝不平	龙骨料含水率过大，干燥后易变形	严格选料，含水率不大于 12%，并做防腐处理，罩面装饰板应选用同一品牌、同一批号产品
	成品保护措施不严格，因水管跑水、漏水使墙体木质材料受潮变形	木龙骨钉板一面应刨光，龙骨断面尺寸一致，组装后找方找直，交接处要平整，固定在墙面上牢固
		面板应从下面角上逐块铺钉，并以竖向装钉为好，板与板接头宜做成坡楞，拼缝应在木龙骨上
	未严格按工艺标准加工，龙骨钉板的一面未刨光；钉板顺序不当，拼接不严或组装不规格；钉钉时钉距过大	用枪钉钉面板时，注意将枪嘴压在板面上后再扣动扳机打钉，保证钉头射入板内。布钉要均匀，钉距 100mm 左右，如用圆钉钉，钉头要砸扁，顺木纹钉入板内 1mm 左右，钉子长度为板厚 3 倍，钉距一般为 150mm
		严格按工序按标准施工，加强成品保护
对头缝拼接花纹不顺，颜色不一	全护墙板的面层，选用材料不认真	应认真选择护墙板，对缝花纹应选用一致，切片板的树芯一致
	拼接时，木花纹对着小花纹，有时木纹倒用	护墙板面板颜色应近似，颜色浅的木板应安装在光线较暗的墙面上，颜色深的安装在光线较强的墙面上，或者一个墙面上由浅颜色逐渐加深，使整个房间的颜色差异接近
板面粗糙有小黑纹	护墙板面层板表面不光滑，未加工净面	面层板表面不光滑的，要加工净面，做到光滑洁净
	表面粗糙，接头不严密	接头缝要严密，缝背后不得太虚，装钉时，要将缝内余胶挤出，避免油漆后出现黑纹

质量通病	原因分析	防治措施
拼缝露出龙骨和钉帽	钉帽预先未打扁	清漆硬木分块护墙板，在松木龙骨上应垫一硬木条，将小钉帽打扁，顺木纹向里打
	板与板之间接头缝过宽	从设计上考虑，增设薄金属条，盖住松木龙骨
表面钉眼过大	钉帽未顺木纹向里冲	护墙板的明钉，均应打扁，顺木纹冲入
	铁冲子较粗	铁冲子不得太粗，应磨成扁圆形或钉帽一样粗细
压顶木线条粗细不一致，颜色不一致，接头不严密，钉裂	木线条选材不当	局部护墙板压顶木线粗细应一致，颜色要加以选择
	施工过于马虎、粗糙，做工不精细	木质较硬的压顶木线，应用木钻先行钻透眼，然后再用钉子钉牢，以免劈裂

2.4　软包施工

2.4.1　软包施工质量要求

（1）所选用的软包材料（软包芯材及面料）的品种、颜色、图案、材质、规格应符合设计要求和产品质量标准的规定。

（2）所用的软包材料（软包芯材及面料）应符合国家高级建筑装饰防火规范的规定。

（3）木龙骨、木基层的构造符合设计要求，且应钉粘结实、牢固平整、不松动；压条无错台、错位。

（4）墙面软包制作尺寸正确、棱角方正、填充饱满、镶嵌牢固松紧适度、手感舒适、表面平整无波纹起伏，经纬线顺直，色泽一致，无污染。

（5）接缝顺直、不起皱、不翘边，与装饰木线衔接紧密，不露缝隙。

（6）表面洁净、无污染，拼花花纹图案吻合，无布毛、飞刺，无钉头挡手，紧贴墙面。

（7）软包装饰施工质量的允许偏差和检验方法见表2.4。

表2.4　软包装饰面施工质量的允许偏差和检验方法

项　　目	允许偏差（mm）	检　验　方　法
软包表面平直	5	拉5m线检查，不足5m拉通线检查
立面垂直	3	用2m托线板检查
接线平直	3	拉5m线检查，不足5m拉通线检查
压条平直	3	拉5m线检查，不足5m拉通线检查
接缝高低	0.5	用直尺和楔形尺检查

2.4.2　软包施工常见质量问题及防治措施

软包施工易出现的质量问题及预防措施见表2.5。

表2.5　软包施工易出现的质量问题及预防措施

质量通病	原　因　分　析	预　防　措　施
接缝不平直、不水平	相邻两面料的接缝不平直、不水平，或虽接缝垂直但花纹不吻合，或不垂直不水平等，是因为在铺贴第一块面料时，没有认真进行吊垂直和对花、拼花	在开始铺贴第一块面料时必须认真检查，发现问题及时纠正。特别是在预制镶嵌软包工艺施工时，各块预制衬板的制作、安装更要注意对花和拼花
花纹图案不对称	面料下料宽狭不一或纹路方向不对，造成花纹图案不对称	做样板间，尽量多采用试拼的措施，找出花纹图案不对称问题的原因
离缝或亏料	离缝的主要原因是面料铺贴产生歪斜，出现离缝。上下口亏料的主要原因是面料剪裁不齐、下料过短或裁切不细、刀子不快等	加强工程质量监管

质量通病	原 因 分 析	预 防 措 施
面层颜色、花形、深浅不一致	使用的不是同一匹面料,同一场所面料铺贴的纹路方向不一致	施工时认真进行挑选和核对
周遍缝隙宽窄不一致	制作、安装镶嵌衬板过程中,施工人员不仔细,硬边衬板的木条倒角不一致,衬板裁割时边缘不直、不方正等	强化操作人员责任心,加强检查和验收工作
压条、贴脸及镶边条宽窄不一、接槎不平、扒缝	选料不精,木条含水率过大或变形,制作不细,切割不认真,安装时钉子过稀等	在施工时,坚决杜绝不是主料就不重视的错误观念,必须重视压条、贴脸及镶边条的材质以及制作、安装过程

2.5 玻璃镜面施工

2.5.1 玻璃镜面施工质量要求

（1）选用的材料规格、品种、颜色应符合设计要求。用在浴室和卫生间的镜面玻璃应选用防水性能好、耐酸碱、耐腐蚀的质量较好的品种。

（2）安装在同一墙面的同一种颜色的镜面玻璃，应选用同一品牌，以防止颜色差异。

（3）安装镜面玻璃的墙面应干燥、平整、且具有固定玻璃镜的承载能力；玻璃类材料应存放在干燥通风的室内，立放，防止压碎、折裂。

（4）安装完成的镜子应垂直平整，用螺钉固定镜面玻璃时应用长靠尺检查平整度并随时调整紧固螺钉的松紧度，避免发生映像失真。

（5）在对镜面玻璃注胶嵌缝时，要求密实、饱满、均匀，且不得污染镜面。

（6）粘贴镜面玻璃时，不得直接将万能胶、环氧树脂等胶直接涂在镜子背面，以防止胶料腐蚀镜面玻璃的镀膜。

（7）安装后的镜面应平整、洁净、接缝顺直严密，不得有翘边、松动、裂隙、掉角。装有边框时，线条应顺直，线形清秀，割角连接紧密吻合，不得有离缝、错缝、高低不平的现象。

2.5.2 玻璃镜面施工常见质量问题及防治措施

参考木质门窗施工部分有关玻璃镜面安装施工中，易出现的质量问题及防治措施的相关内容。

2.6 瓷砖镶贴施工

2.6.1 瓷砖镶贴施工质量要求

（1）材质及图案应符合设计要求。粘贴牢固、无歪斜、缺棱、掉角和裂缝等缺陷。

（2）表面应平整、洁净、颜色一致、拼缝均匀、周边顺直，不得有翘曲、损坏、变色、起碱、污点、砂浆流痕及光泽色损现象。

（3）瓷砖镶贴用砂浆比例应按图纸规定，图纸无规定时，可按水泥∶砂 =1∶1；镶贴时，应保证砂浆饱满，面层与基层黏结牢固，无空鼓现象。

（4）边墙表面必须进行附着物清除、凿毛、清洗凿平符合图纸要求；镶贴瓷砖前，应对边墙以砂浆找平，砂浆比例应按图纸规定，图纸无规定时，可按水泥∶砂 =1∶3。

（5）整砖套割吻合，边缘整齐；墙裙、踢脚板、门窗贴脸表面突出墙面的厚度一致。

（6）接缝应填嵌密实、平直、宽度均匀一致，阴阳角处的砖搭接方向正确。

（7）瓷砖镶贴施工允许的偏差及检验方法见表2.6

表2.6 允许偏差及检验方法

项 目	允许偏差（mm）	检 查 方 法
立面平直度	2	用2m靠尺检查
表面平整度	1	用2m靠尺和楔形塞尺检查
缝隙平直度	3	拉通线和尺量检查
接缝高低差	1	用直尺和楔形塞尺检查
墙裙上沿平直度	2	拉通线和尺量检查
接缝宽度	0.5	用尺量检查

2.6.2 瓷砖镶贴施工常见质量问题及防治措施

瓷砖镶贴施工易出现的质量问题及防治措施见表2.7。

表2.7 瓷砖镶贴施工质量问题及防治措施

质量通病	防 治 措 施
接缝不平直，缝宽不均匀	对釉面砖的材质挑选应作为一道工序，应将色泽不同的瓷砖分别堆放，挑出翘曲、变形、裂纹、面层有杂质缺陷的釉面砖。同一类尺寸釉面砖，应用在同层房间或一面墙上，以做到接缝均匀一致
	粘贴前做好规矩，用水平尺找平，校核墙面的方正，算好纵横皮数，划出皮数杆，定出水平标准。以废釉面砖贴灰饼，划出标准，灰饼间距以靠尺板够得着为准，阳角处要两面抹直
	根据弹好的水平线，稳稳放好尺板，作为粘贴第一行釉面砖的依据，由下向上逐行粘贴。每贴好一行釉面砖，应及时用靠尺板横、竖向靠直，偏差处用匙木柄轻轻敲平，及时校正横、竖缝平直，严禁在粘贴砂浆收水后再进行纠偏移动

质量通病	防治措施
砖表面裂缝	一般釉面砖、特别是用于高级装饰工程上的釉面砖，选用材质密实，吸水率大于18%的质量较好的釉面砖，以减少裂缝的产生
	粘贴前釉面砖一定要浸泡透，将有隐伤者挑出。尽量使用和易性、保水性较好的砂浆粘贴。操作用时不要用力敲击砖面，防止产生隐伤
变色，污染，出现白度降低，泛黄发花，变赭和发黑	生产釉面砖时，增加釉厚度，施釉厚度如果大于1mm，阻透色效果好。另外，提高釉面砖坯体的密实度，减小吸水率，增加乳浊度
	在施工过程中，浸泡釉面砖应用洁净水，粘贴釉面砖的砂浆，应使用干净的原材料进行拌制；粘贴应密实，砖缝应嵌塞严密，砖面应擦洗干净
	釉面砖粘贴前一定要浸泡透，将有隐伤的挑出。尽量使用和易性、保水性较好的砂浆粘贴。操作时不要用力敲击砖面，防止产生隐伤，并随时将砖面上的砂浆擦洗干净
空鼓、脱落	基层清理干净，表面修补平整，墙面洒水湿透
	釉面砖使用前，必须清洗干净，用水浸泡到釉面砖不冒气为止，且不小于2h，然后取出，待表面晾干后方可粘贴
	釉面砖黏结砂浆厚度一般控制在7～10mm之间，过厚或过薄均易产生空鼓。必要时使用掺有水泥质量3%的108胶水泥砂浆，以使黏结砂浆的和易性和保水性较好，并有一定的缓凝作用，不但增加黏结力，而且可以减少黏结层的厚度，校正表面平整和拨缝时间可长些，便于操作，易于保证镶贴质量
	当采用混合砂浆黏结层时，粘贴后的釉面砖可用灰匙木柄轻轻敲击；当采用108胶聚物水泥砂浆黏结层时，可用手轻压，并用像皮锤轻轻敲击，使其与底层黏结密实牢固。凡遇黏结不密实时，应取下重贴，不得在砖口处塞灰
	当釉面砖墙面有空鼓和脱落时，应取下釉面砖，铲去原有黏结砂浆，采用108胶聚合物水泥砂浆粘贴修补

2.7 石材饰面施工

2.7.1 石材饰面施工质量要求

（1）石材的质量、规格、品种、数量、物理力学性能要符合设计要求；板材表面平整洁净、拼花正确、纹理清晰通顺、颜色均匀一致；墙面和柱面安装石材饰面板，应先抄平，分块弹线，并按弹线尺寸及花纹图案进行预拼和编号。

（2）相邻饰面石材板块的尺寸一定要一致，截口要垂直板面；突出物体周围的板采取整板套割、尺寸准确，边缘吻合整齐，墙裙、贴脸等上口平直，无错台错位；板块安装固定后即开始注密封胶，该工序是防雨水渗漏和空气渗透的关键工序。

（3）螺栓与结构主体及连接安装要牢固安全，固定饰面板块用的绑丝或连接件应用防腐金属丝或金属件，螺栓、螺母、垫圈这些小细节决不能使用劣质产品，尽量使用不锈钢。采用绑丝时，每块饰面板的上边、下边打眼数量均不少于2个。采用连接件时，其直径或厚度大于饰面板的接缝宽度时，应凿槽埋置。预留孔洞不得大于设计孔径2mm。

（4）安装光面或镜面石材板块应将其侧面和背面清扫干净，其背面预先抹刮一层防水砂浆，侧面封闭毛细管，竖缝用不干胶纸带临时封堵。

（5）突出墙面的勒脚饰面板安装和线角的安装，应待上层的饰面板或大面的饰面板安装好以后进行。楼梯栏杆、栏板及扶手应是楼梯踏步面层安装好以后安装。

（6）冬期施工时，宜采用暖棚法施工。如果在灌筑砂浆中掺入抗冻剂，其掺量应根据试验确定。严禁灌筑的砂浆在终凝前受冻。每块板的灌浆次数可改为2次，缩短灌筑间隔时间，及时裹挂保温材料，保温养护7～9d。

（7）挂贴室外饰面石材板块时，板与板连接的横竖缝应做防水处理，防止雨后灌筑砂浆中的盐类晶体析出，污染墙面、柱面；另外需在石材表面涂刷防护剂，以避免外墙石材受雨水侵蚀渗出氧化铁，返黄；防护剂必须涂刷均匀，施工前、后要分别涂刷一遍，以克服石材铺贴后出现水斑、泛碱现象。

（8）施工中应保证每块石材的独立性，避免石材层叠使受力不均匀；如果出现层叠现象，下层龙骨经过一段时间后会出现变形，当不能满足承载要求时会发生断裂。

（9）石材龙骨使用前必须做防腐处理，并详细检查焊点，焊接时严禁漏焊、咬边、气孔，防锈漆必须涂刷到位；针对龙骨型材情况，选择与其相适应的防腐漆，聚酯类防腐漆比较耐久，可作为首选。

（10）石材饰面板的贴面装饰施工的质量标准及检验方法见表 2.8 和表 2.9。

表 2.8 石材贴面板质量标准

名称	项 目	检 验 方 法
保证项目	饰面板的品种、规格、颜色、图案必须符合设计要求	观察
	板安装必须牢固，无歪斜，缺棱掉角和裂缝等缺陷，以水泥为主要的黏结材料时严禁空鼓	观察，或用小锤敲击

名称	项目	等级	质量要求	检验方法
基本项目	饰面板表面	合格	表面平整、洁净	将被检板材平放在地面上，距板材 1.5m 处明显可见的缺陷视为有缺陷；距板材 1.5m 处不明显，但在 1.5m 可见的缺陷视为无明显缺陷；距板材 1m 处看不见的缺陷视为无缺陷
		优良	表面平整、洁净，色调一致	
	饰面板接缝	合格	接缝填嵌密实，平直，宽窄均匀	
		优良	接缝填嵌密实，平直，宽窄一致，颜色一致，阴阳角处的板压向正确，非整砖的使用部位适宜	
	突出物周围的板	合格	割套缝隙不超过 5mm，墙裙、贴脸等上口平顺	观察与尺量
	突出物周围的板	优良	用整砖割套吻合，边缘整齐，墙裙、贴脸等上口平顺，突出墙面的厚度一致	
	滴水线	合格	滴水线顺直	观察
		优良	滴水线顺直，流水坡向正确	

表2.9 石材贴面板检验方法

项目	允许偏差项目（mm）						检 验 方 法
	光面	镜面	粗磨面	麻面	条纹面	天然面	
表面平整	1		3			—	用2m靠尺和楔形塞尺检查
立面垂直	2		3			—	用2m托线板检查
阳角方正	2		4			—	用200mm方尺检查
接缝平直	2		4			5	拉5m线检查，不足5m拉
上口平直	2		3			3	通线和尺量检查
接缝高低	0.3		3			—	用直尺和楔形塞尺检查
接缝宽度	0.5		1			2	尺量检查

2.7.2　石材饰面常见质量问题及防治措施

石材墙柱面施工易出现的质量问题及防治措施见表2.10所示。

表2.10　石材饰面质量问题及防治措施

质 量 通 病	防 治 措 施
接缝不平、板面纹理不顺，色泽差异大	天然石材的色差问题普遍存在。因此，在选定石材品种后要选好协议板，大批量订货时更要如此。协议板尽量要大一些，要充分显示该品种的色调花纹安装前应先将有缺棱掉角翘曲板剔出，各块石材作套方检查
	铜丝或不锈钢丝应绑扎牢固，依施工程序做石膏水泥饼或夹具固定灌浆
	每道工序用靠尺检查调整，使表面平整
	天然块材必须试拼，使板与板间纹理、结晶通顺，颜色协调，并编号备用
空鼓、脱落	湿法作业，灌浆应分层，还须轻轻仔细插捣，结合部留50mm不一次灌满，使上下结合
	粘贴作业、结合层水泥砂浆应满抹、满刮，厚薄均匀，结合层水泥砂浆中可掺水泥重量5%的108胶

续表

质 量 通 病	防 治 措 施
墙面碰损、污染	搬运、堆码过程必须直立，避免一角着地棱角受损。大尺寸块材应平运
	浅色石材不宜用草绳包装。施工中应覆盖塑料薄膜，施工中沾上砂浆或胶料，随时擦净
	镶贴完后，所有阳角部位，使用2m高木板保护
板材开裂	选料加工时应剔除色纹、暗缝、隐伤等缺陷；加工孔洞，开槽应过细操作
	镶贴石材板块应待结构沉降稳定后进行，在顶部或底部镶贴块材应留一定缝隙，以防结构压缩变形，导致块材破坏开裂
	磨光石材板块接缝缝隙为 0.5 ~ 1mm，灌浆应饱满，嵌缝应严密，避免腐蚀性气体渗入锈蚀挂网损坏板面
表面出现水印或泛白	尽量选用碱金属氧化物含量低的水泥和不含可溶性盐的材料，尽量不使用碱金属氧化物含量高的外加剂。因为水泥及外加剂中的可溶性成分在水化作用时，由 CaO、K_2O、Na_2O 类碱金属氧化物，而生成 Ca（OH）$_2$、KOH、NaOH 等，这类水溶液大量渗入石材内部，又从石材表面蒸发就会泛白
	石村表面磨光、打蜡，不使水分积滞，或涂有机硅于石材背面，阻塞碱金属水溶液进入石材内部
	做好嵌缝处理，嵌缝须用胶黏剂或防水密封材料，防止水渗入板缝，并沿毛细管进入板内
	冬季施工建议采用"干挂法"施工
	对于新泛白的墙面，用清水冲洗，对于较长时间的泛白，用3%的溴酸和盐酸溶液清洗，再用清水冲洗

2.8 金属板材施工

2.8.1 金属板材施工的质量要求

1. 不锈钢板柱面的质量要求

（1）板材及原辅材料规格、品种、质量、颜色、线型符合设计要求，贴不锈钢板的基体必须垂直平整。

（2）不锈钢圆柱的基体的垂直度、曲面度必须符合要求，曲面清洁、光滑、圆顺。

（3）粘贴不锈钢板前，基层表面应按分块尺寸弹线预排。应在基层表面板背面同时涂刷胶液，胶液要均匀涂刷整个涂刷面，刷胶面上应清洁，不得有砂粒等杂物。板边、板缝中溢出的胶液要及时擦净。

（4）加工不锈钢板时，其表面的保护膜应保护完好，在对不锈钢板进行弯折时应使弯折线顺直，不得有皱折、凹陷等缺陷。

（5）安装不锈钢饰面板，若用焊接工艺，不得有咬肉、堆积等缺陷，焊点应抛光。

（6）安装完成的不锈钢柱（墙、顶棚）的表面应清洁、光亮、平滑，不得有划伤和凹凸，须垂直平整。

（7）钢骨架必须进行除锈和防锈、防火处理。

2. 铝合金方形板、条形扣板柱面的质量要求

（1）金属板表面平整、洁净，规格和颜色一致。

（2）板面与骨架的固定必须牢固，不得松动。

（3）接缝应宽窄一致，嵌填密实。

（4）安装金属板用的铁制锚固件和连接件应作防锈处理。

（5）金属饰面板安装的允许偏差及检验方法见表 2.11。

表 2.11　金属板材饰面施工允许偏差和检验方法

项　　目	允许偏差（mm）	检 查 方 法
立面垂直度	2	用 2m 垂直检验尺检查
表面平整度	3	用 2m 靠尺和塞尺检查
阴阳角方正	3	用直角检测尺检查
墙裙、勒脚上口直线度	1	拉 5m 线，不足 5m 拉通线，用钢直尺检查
接缝直线度	2	拉 5m 线，不足 5m 拉通线，用钢直尺检查
接缝高低度	1	用钢尺和塞尺检查
接缝宽度	1	用钢直尺检查

2.8.2　金属板材施工常见质量问题及防治措施

金属板饰面柱体施工常见质量问题及防治措施见表 2.12。

表 2.12　金属板材施工质量问题及防治措施

质量问题	原因分析	防治措施
表面不平整	金属装饰板本身不平	安装板前应严格检查板材的质量
	基层处理不平整	骨架安装正确，基层处理平整
	施工方法不当	安装板时，应采用橡皮锤轻轻敲击板面
接缝不平齐	连接件安装不牢，产生偏移	确保连接件的固定，固定时放通线定位
	连接件安装不平直	
表面污染	金属装饰板安装完毕后，未及时保护，使其产生变色、污染	施工过程中应及时清除板面及构件表面的黏附物，完毕后应即可清理表面，对于易受污染的板材应贴保护胶纸或覆盖塑料薄膜
表面有凹坑	金属装饰板安装完毕后，未及时保护，使其发生碰撞变形	金属板安装完毕后，对于易受磕碰的部位应设防护栏

2.9 柱体结构施工

常见的柱体装饰方式有圆柱、造型柱、椭圆柱、功能柱等，其结构有木结构、钢木混合结构及钢架铺钢丝水泥结构等。装饰柱体的原则是不破坏原建筑柱体的形状，不损伤柱体的承载力。柱体骨架安装固定完毕后，必须对骨架进行检查与校正。否则，饰面板安装后容易出现质量问题。

（1）歪斜度。通过吊垂线的方法检查，若垂线与骨架不平行，则说明柱体有歪斜度。一般柱高 3m 以下，可允许歪斜误差为 3mm 以内，柱高 3m 以上，可允许歪斜误差为 6mm 以内。如果超过该误差值，就必须进行修整。

（2）不圆度。柱体骨架的不圆度表现为凸肚或凹肚，检查方法也是通过吊垂线。一般柱体不圆度误差不大于 ±3mm。超过此值，必须进行修整。

（3）不方度。其检查方法，用直角铁尺在柱的四个边角上分别测量即可，允许误差不大于 3mm。

（4）平整修边。柱体龙骨架连接、校正、固定后，要对其连接部位和龙骨本身的不平整处进行修平处理。特别对曲面柱体，必须修整竖向龙骨，使之成曲面的一部分。

第3章 门窗工程

在室内装饰工程中，门窗施工是一项比较重要的工程内容，施工主要是由两部分完成，一是厂家制作；二是现场安装。门窗的种类很多，按材料分：木门窗、铝合金门窗、塑钢门窗、不锈钢门、玻璃门等；按开启方式分：平开、推拉、折叠门、地弹门、旋转门、自动感应门等。这些门窗大多数是厂家生产定型产品，施工现场只需安装或给定要求和尺寸来订做，但也有一些门窗类型则要求现场制作，如木门窗、铝合金门窗、塑钢门窗等。因此，对门窗的制作和安装工艺要求非常严格。

本章导读

- 木质门窗
- 玻璃门窗
- 铝合金门窗
- 塑钢门窗
- 彩铝门窗
- 断桥铝门窗

3.1 木质门窗

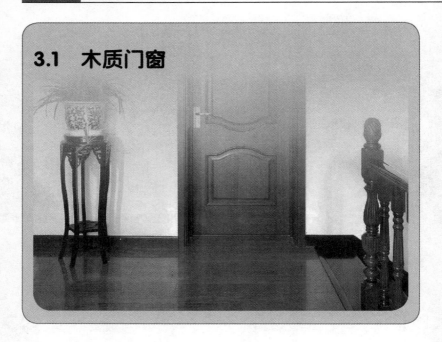

3.1.1 木门窗质量要求

1. 木门制作

（1）木材的树种、材质等级、含水率和防腐、防虫必须符合设计要求和施工规范的规定。

（2）门框应采用双榫连接，门框、扇的榫槽必须嵌全严密，以胶料胶结并用胶楔加紧；胶料品种符合施工规范的规定。

（3）合板面层必须胶结牢固，胶料品种符合施工规范的规定；制作胶合板门，边框和横楞须在同一平面上，面层与边框及横楞应加压胶结；在横楞和上、下冒头各钻两个以上的透气孔，以防受潮脱胶或起膨。

（4）死节和直径大于 5mm 的虫眼，用同一树种木塞加胶填补；清油制品的木塞色泽、木纹与制品一致；门窗框靠墙面一侧应做防腐处理，框与墙体间隙填充材料一般为岩棉、矿棉、膨胀塑料条等，其主要作用是保温、缓冲和密封。

（5）门窗扇表面平整光洁，无戗槎、脱胶、刨痕、毛刺、锤印和缺棱、掉角；清油制品色泽、木纹近似。

（6）框、扇的线型应符合设计要求，裁口、起线顺直，割角准确，交圈整齐，拼缝严密。

（7）木门窗制作完毕后，应及时涂刷一遍干性底油，防止受潮变形；门框安装前应校正规方、钉好斜拉条（不得少于两根），防止在运输和安装过程中变形。

（8）木门制作允许偏差和检验方法应符合见表 3.1 的规定。

表 3.1　木门制作的允许偏差和检验方法

项　目		允许偏差（mm）			检验方法
		Ⅰ级	Ⅱ级	Ⅲ级	
翘曲	框	3		4	将框扇平卧在检查平台上，用楔形塞尺检查
	扇	2		3	
对角线长度差（框、扇）		2		3	尺量检查，框量裁口里角，扇量外角
夹板门扇在 1m² 内平整度		2		3	用 1m 靠尺和楔形塞尺检查
宽、高	框	0 −1		0 −2	尺量检查，框量内裁口、扇量外缘
	扇	+1 0		+2 0	
裁口线条和结合处高差（框、扇）		0.5		1	用直尺和楔形尺检查

项　目	允许偏差（mm）			检验方法
	Ⅰ级	Ⅱ级	Ⅲ级	
扇的横梃或横芯对水平线	±1	±2		尺量检查

2. 木门窗安装的质量要求

（1）框安装位置、开闭形式（单向平开、双向平开、推拉等）方向、使用功能等必须符合设计要求。

（2）门窗应按设计要求的水平标高和平面位置在砌墙中间进行安装；门框必须安装牢固，在砖墙上安装门框时，应以钉子固定于砌在墙内的预制块的预埋木上，每边的固定点应不少于3处，且间距不大于1m；在砌筑砖墙预留门洞的同时，也应留出门框走头的缺口，在门框安装就位后再封砌缺口。

（3）有贴脸的门窗框及贴墙皮立口的门窗框，立框前应留出抹灰的厚度15～18mm，使门框与抹灰面平齐；门框与墙体间填塞保温材料应饱满、均匀。

（4）门扇安装应裁口顺直，刨面平整光滑，开关灵活，稳定，无回弹和倒翘。

（5）门小五金安装位置适宜，槽深一致，边缘整齐，尺寸准确。小五金安装齐全，规格符合要求，木螺丝拧紧卧平，插销关启灵活；合页距门上、下端宜取立梃高度的1/10，并避开上、下冒头；小五金均应用木螺丝固定，不得用钉子代替；应先用锤打入1/3深度，然后拧入，严禁一次打入全部深度；采用硬木时，应先钻2/3深度的孔，孔径为木螺丝直径的0.9倍。不宜在中冒头与立梃的结合处安装门锁，门拉手距地面以0.9～1.05m为宜。

（6）门披水、盖口条、压缝条、密封条安装时，应尺寸一致，平直光滑，与门结合牢固严密，无缝隙。

（7）门窗框与墙面及地面的接触处应涂刷防腐油二遍，涂刷应均匀、不漏刷、不流坠。

（8）木夹板门安装的允许偏差、留缝宽度应符合表 3.2 的规定。

表 3.2　木夹板门安装的允许偏差、留缝宽度

项　　目		允许偏差、留缝宽度（mm）		检 验 方 法
		Ⅰ 级	Ⅱ、Ⅲ 级	
框的正、侧垂直度		3		用 1m 托线板检查
框对角线长度差		2	3	尺量检查
框与扇、扇与扇接触处高低差		2		用直尺和楔形塞尺检查
门扇对口和扇与框间留缝宽度		1.5 ~ 2.5		用楔形塞尺检查
框与扇上缝留缝宽度		1.0 ~ 1.5		
门扇与地面间留缝宽度	外门	4 ~ 5		
	内门	6 ~ 8		
	卫浴门	10 ~ 12		
门扇与下框间留缝宽度	外门	4 ~ 5		
	内门	3 ~ 5		

3.1.2　木门窗常见质量问题及防治措施

1. 夹板门质量问题与防治措施

夹板门质量问题与防治措施，见表 3.3。

表 3.3 夹板门质量问题与防治措施

项目	质量通病	防治措施
材料	小五金安上后不久锈蚀	小五金应选用镀铬、不锈钢或铜质产品
制作	框、扇翘曲变形	（1）选择适合制作门窗的树种。 （2）木材须经干燥处理。 （3）制作前现场抽样检测木料含水率应在 12% 以下
	门扇上下不见通气孔	（1）骨架横肋及上下梃应各钻 2 个以上 $\phi 9$ 孔眼。 （2）加工时严格质检并做好隐蔽记录。 （3）刷涂料时采取措施，不得堵孔
	框和扇，扇和扇接合处高低差过大	（1）严格掌握裁口尺寸，加工后试拼相互吻合，手摸无高低差。 （2）安装时精心刨修
	胶合板起层脱胶	（1）胶结应采用耐水的酚醛或脲醛树脂，干燥时间约 24h。 （2）丝杠压合时其压力以四周均匀冒出胶液为准，压合时间约 20 ~ 24h
	镶边木沿夹板边缘裂缝	（1）骨架横肋的中距应按两侧夹板厚度确定，夹板薄则应加密横肋，常用中距 200 ~ 300mm。 （2）镶边木应用硬木制作。 （3）钉镶边木的圆钉钉帽砸扁，须加胶钉牢
	木扇表面粗糙	制品必须用砂光机砂光
安装	框边与墙之间裂缝、不填保温材料（设计有要求时）	（1）一次备足塞缝保温材料。 （2）清除缝隙中的灰渣。 （3）将保温材料塞入压紧后，再用水泥石灰砂浆嵌填密实。 （4）严格操作管理做到不偷工不减料
	框与墙面出现高低坎	（1）墙面抹灰层厚度标筋在门框安装前复校垂直度、平整度应合格。 （2）框就位后须吊正找直、找平，使框侧面与标筋面顺平
	扇与地面间缝隙过大	（1）按设计和施工规范规定的留缝宽度，严格掌握门扇的修刨尺寸，精心量尺弹线。 （2）跟线精心修刨，防止留缝超过允许误差

项目	质量通病	防 治 措 施
安装	框扇损坏污染严重	（1）框安装后距地面 1.2m 范围内应钉木板或铁皮防护。 （2）扇安装完毕，应在门扇底楔入木楔固定，以防风吹损坏。 （3）交工前专人保管

2. 木门质量问题与防治措施

木门质量问题与防治措施，见表 3.4。

表 3.4　木门窗工程常见质量问题及防治措施

质量通病	原因分析	防 治 措 施
门窗框翘曲	其原因是立梃不垂直，2 根立梃向相反的两个方向倾斜，即 2 根立梃不在同一个垂直平面	（1）安装时要注意垂直度吊线，按规定操作，门框安装完以后，用水泥砂浆将其筑牢，以加强门框刚度。 （2）注意成品保护，避免框因车撞、物碰而移位
门窗框安装不牢	由于木砖埋的数量少或将木砖碰动，也有钉子少所致	（1）砌半砖隔墙时，应用带木砖的混凝土块，每块木砖上须用 2 个钉子，上下错开钉牢，木砖间距一般 50～60mm 为宜，门窗洞口每边缝隙不应超过 20mm，否则应加垫木。 （2）门窗框与洞口之间的缝隙超过 30mm 时，应灌豆石混凝土；不足 30mm 的应塞灰，要分层进行
门窗框与窗洞的缝隙过大或过小	安装是两边分的不均	（1）一般门窗上皮低于门窗过梁下皮 10～15mm，窗框下皮应比窗台砖层上皮高 50mm，若门窗洞口高度稍大或稍小时，应将门窗框标高上下调整，以保证过梁抹灰厚度及外窗泛水坡度。 （2）门窗框的两边立缝应在立框时用木楔临时固定整均匀后，再用钉子在木砖上
结合件不规范	合页不平，螺钉松动，螺帽斜露，缺少螺钉，合页槽深浅不一，螺钉操作时钉入太长，倾斜拧入	（1）合页应里外平卧，安装螺钉时严禁一次钉入，钉入深度不得超过螺钉长度的 1/3，拧入深度不得小于 2/3，拧时不得倾斜。 （2）应注意数量，不得遗漏，遇有木节或钉子时，应在木节上打眼或将原有钉子送入框内，然后重新塞进木塞，再拧螺钉

质量通病	原因分析	防　治　措　施
上下层的门窗不顺直	洞口预留不准，立口时上下没有吊线所致	结构施工时注意洞口位置，立口时应统一弹上口的中线，根据立线安装门窗框
门窗与抹灰面不平	立口前没有标筋造成	安装门框前必须做好抹灰标筋，根据标筋找正吊直

3.2　玻璃门窗

3.2.1　玻璃安装的质量要求

（1）玻璃的品种、规格、颜色、图案及朝向应符合设计要求，质量应符合有关材料标准。

（2）油灰用熟桐油等天然干性油搅拌，用其他材料搅拌的油灰，必须经过试验合格后方可使用。

（3）夹丝玻璃的裁割边缘上宜刷涂防锈涂料。

（4）镶嵌用的镶嵌条、定位垫块和隔片、填充材料、密封胶等材料的品种、规格、断面尺寸、颜色、物理及化学性质应符合设计要求。

（5）玻璃裁割尺寸准确，安装好的玻璃应平整、牢固，不得有松动现象。

（6）油灰与玻璃及裁口接触的边缘应齐平，钉子、钢丝卡不得露出油灰表面。

（7）橡皮垫或密封条镶嵌质量应符合以下规定。

1）橡胶垫或密封条与玻璃槽口、玻璃、裁口及压条紧贴，平整，并不得露在玻璃槽口外面。

2）密封膏与玻璃、玻璃槽口的边缘应黏结牢固，接缝齐平。

3）整齐一致，割角接口连接紧密，中间无接头。

4）表面洁净，无油灰、浆水、密封膏、油漆等斑污，安装朝向正确。

（8）压条镶钉的质量应符合以下规定。

1）压条与裁口边缘紧贴齐平，位置符合设计要求，割角整齐。

2）镶钉间距一致，不露钉帽，各处连接紧密，中间无明显接头，对角要符合要求。

（9）拼接彩色玻璃、压花玻璃的接缝应吻合，颜色、图案应符合设计要求。

3.2.2　玻璃安装质量问题及预防措施

玻璃安装质量问题及防治措施，见表3.5。

表3.5　玻璃安装质量问题及防治措施

项目	质量通病	防　治　措　施
材料	玻璃发霉	在玻璃储存期间应有良好通风条件，防止受潮受淋
裁割	加丝玻璃使用时易破损	裁割时应防治两块玻璃互相在边缘处挤压造成胃小缺口，引起使用时破损
	安装尺寸或大小	裁割时严格掌握操作方法，按实物尺寸裁割玻璃

项目	质量通病	防 治 措 施
安装	玻璃安装不平整或松动	（1）清楚槽口内所有杂物，铺垫底油灰厚均匀一致。低油灰失去作用时，应重新铺垫，然后再安装玻璃。为防止低油灰冻结，可适当掺加一些防冻或酒精。 （2）裁割玻璃尺寸应使上下两边距离槽口的3/4，禁止使用窄小玻璃。 （3）钉子数量适当，每边不少于一颗，如果边长40cm就需要钉两颗钉子，两顶间距不得大于15～20cm。 （4）玻璃松动轻者挤入油灰固定，严重者必须拆掉璃，重新安装
密封	尼龙毛条、橡胶条丢失或长度不到位。橡胶压条选型不妥，造型密封质量不好	（1）密封材料的选择，应符合设计要求。 （2）如果施工中丢失，应及时补上。 （3）封缝的橡胶条，易在转角部位脱开，橡胶封缝的窗扇，要在转角部位注上胶，使其牢固黏结
嵌油	油灰棱不齐，交角处抹成八字式	（1）选用无杂质的油灰。冬季油灰窖软些，夏季有2灰窖硬些，刮油灰时油灰刀先从一个角插入油灰中，粘紧槽口边用力均匀向一个方向刮成斜坡形，向反方向理顺光滑交角处如不准确，用油灰刀反复多次刮成八字形为止。 （2）将多余的油灰刮除，不足处补油灰修至平整光滑
	底油灰不饱满	（1）玻璃与槽口紧贴，四周不一致或有翘曲处，须将玻璃起下来，将槽口所有杂物清除掉，重抹底油。调制的底油灰应稀稠软硬适中。 （2）铺底油灰要均匀饱满，厚度至少为1mm，但不大于3mm，无间断，无堆集。铺清除掉，重抹底油灰。调制的底油灰应稀稠软硬适中。 （3）安玻璃时，用双手轻将玻璃轻按压实。四周的底油灰要挤出槽口，四口按实并保持端正。待挤出的底油灰初凝达到一定强度，才许行平行槽口将多余的底油灰刮匀裁除至平整，有断条不饱满处，可将底油灰塞入凹缝内刮平
	内见油灰外见裁口	（1）要求操作人员认真按操作规程施工。对需涂刷涂料的油灰，所刮油灰要比槽口小1mm，不涂涂料的油灰可不留余量。四周整齐，油灰紧贴玻璃和槽口，不能有空隙、残缺、翘起等。 （2）有内见油灰的弊病，可将多余的油灰刮除，是它光滑整齐。对外见裁口的弊病，可增补油灰，载裁刮平滑即可

项目	质量通病	防 治 措 施
灰	油灰流淌	（1）商品油灰须先经试验合格方法可使用。 （2）刮抹油灰前，必须将存在槽口内的杂物清除干净。 （3）掌握适宜的温度刮油灰，当温度较高或刮油灰后有下坠迹象时应立即停止。 （4）选用质量好具有可塑性的油灰，自配油灰不得使用非干性油材料配制。油性较多可加粉质填实，拌揉调匀方能使用。 （5）出项流淌之油灰，必须全部清除干净
	油灰露钉或露卡子	（1）木门窗应选用 12.7 ~ 19mm 的圆顶，钉钉时，不能损坏玻璃。钉的钉子既要不使钉帽外露，又要使玻璃嵌贴牢固。 （2）钢门窗卡卡子时，应使卡子槽口卡入玻璃边并固定牢。如卡子露出油灰外，则将卡子长脚剪短再安装。 （3）将凸出油灰表面的钉子，定如油灰内，刚卡子外露应起出来，换上新的卡平卡牢。 （4）损坏的油灰应修理平整
	油灰黏结不牢，裂纹或脱落	（1）商品油灰应先经试验和各方可使用。 （2）油灰使用前将杂物清除并揉调均匀。 （3）选用熟桐油等天然干性油配制的油灰修补。 （4）油灰表面粗糙和有麻面时，用较稀的油灰修补。 （5）油灰有裂纹、断条、脱落，必须将油灰铲除，重抹质量好的油灰
钉压条	钉压条不平整有缝	（1）不要使用质量硬劈裂的木压条，其尺寸应符合安装要求，端部锯成 45° 的斜面，安装玻璃前先将木压条卡入槽口内，装时在起出来。 （2）选择合适的钉子将钉帽锤扁，然后将木压条卡紧后，再用小钉钉牢。 （3）有缝隙、八字不见角、劈裂等弊病的木压条，必须拆除，换上好的木压条重新
表面清除	玻璃不干净或有裂纹	（1）玻璃安装后，应用软布或棉丝清洗擦净玻璃表面污染物，达到透明光亮，发现有裂纹的玻璃。必须拆掉更换。 （2）遇有气泡、水印、楞脊、波浪和裂纹的玻璃不能使用。裁割玻璃尺寸不得过大或过小，应符合施工规范规定。 （3）玻璃安装时，槽口应清理干净，垫底油灰要铺均匀，将玻璃安装平整用手压实。钉帽紧贴玻璃垂直钉牢

3.3　铝合金门窗

3.3.1　铝合金地弹簧门的质量要求与通病防治

1. 铝合金地弹簧门质量要求

（1）铝合金地弹簧门及其附件和玻璃的品种、规格、质量，必须符合设计要求及现行国家有关标准的规定。

（2）地弹簧门安装的位置、开启方必须符合设计要求。

（3）地弹簧门框安装必须牢固，预埋件的数量、位置、埋设连接方法及防腐处理必须符合设计要求。

（4）地弹簧门与非不锈钢紧固件接触面之间应做防腐处理。

（5）地弹簧门扇安装质量应自动定位准确，开启角度为 90°±1.5°，关闭时间在 6 ～ 10s 范围之内。

（6）附件齐全，安装位置正确、牢固，灵活适用，达到各自功能，端正美观。

（7）门框与墙体缝隙填嵌应填嵌饱满密实，表面平整、光滑，无缝隙，填塞材料符合设计要求。当设计未规定填塞材料时，应采用矿棉或玻璃棉毡分层填塞缝隙，外表留 5～8mm 深槽口填嵌缝油膏。

（8）外观应表面洁净，大面无划痕、碰伤、锈蚀，涂胶表面光滑、平整，厚度均匀，无气孔·门窗相邻杆件着色表面无明显的色差，装配连接处无外溢的胶黏剂。

（9）铝合金地弹簧门的允许偏差、限值和检验方法，应符合表 3.6 的规定。

表 3.6　铝合金地弹簧门的允许偏差、限值和检验方法

项　　目		允许偏差、限值（mm）	检 验 方 法
门框槽口两对角线长度差	≤ 2000mm	≤ 2	用钢卷尺检查，量里角
	>2000mm	≤ 2.5	
门框槽口宽度、高度差	≤ 2000mm	± 1.5	用钢卷尺检查
	>2000mm	± 2	
门框、扇装配间隙		<0.4	用塞尺检查
门框（含拼樘料）正、侧面的垂直度		≤ 2	用 1m 托线板检查
门框（含拼樘料）的水平度		≤ 1.5	用 1m 水平尺和楔形塞尺检查
门横框标高		≤ 5	用钢板尺检查与基准线比较
框与扇、扇与扇竖向缝隙差		± 1	用塞尺检查
门扇对口缝或扇与框之间立、横缝留缝限值		2～4	用楔形塞尺检查
门扇对口缝关闭时平整		2	用深度尺检查
门扇与地面间隙缝限值		2～7	用楔形塞尺检查

2. 铝合金地弹簧门通病防治

铝合金地弹簧门存在的通病，可参照推拉铝合金门窗有关各条进行防治。但地弹簧门消除门扇自动定位不准和噪声较大等的措施如下。

（1）地弹簧应选用主机在外壳内有自动调节功能的产品。如果入地面内位置不正时，前后左右有一定的调节量，便于安装中精调。各活动部分装有轴承，使转动灵活，平稳，无噪声，且复位正确，坚固耐用。液压阻尼，门扇关闭速度能自由调节。

（2）门扇装上、下轴套及轴芯时，应校准门扇的垂直度和平整度。

（3）埋设地弹簧时，操作必须细致、认真。

3.3.2　铝合金推拉门窗的质量要求和通病防治

1. 铝合金推拉门窗质量要求

（1）铝合金推拉门窗及其附件的品种、规格、质量必须符合设计要求及现行国家有关标准的规定。

（2）铝合金推拉门窗安装的位置、开启方法及有关性能指标必须符合设计要求。

（3）铝合金推拉门窗安装必须牢固，预埋件的数量、位置、埋设连接方法及防腐处理必须符合设计要求。

（4）铝合金推拉门窗扇应关闭严密，间隙均匀，扇与框搭接量符合设计要求。

（5）附件齐全，安装位置正确、牢固，灵活适用，达到各自的功能，端正美观。

（6）门窗框与墙体内缝隙填嵌应填嵌饱满密实，表面平整、光滑，无裂缝，填塞材料符合设计要求。当设计未规定填塞材料时，应采用矿棉或玻璃棉毡分层填塞缝隙，外表留 5 ~ 8mm 深槽口填嵌缝油膏。

（7）表面洁净，无划痕、碰伤，无锈蚀，涂胶表面光滑、平整，厚度均匀，无气孔。

（8）铝合金推拉门窗的允许偏差、限值和检验方法应符合表 3.7 的规定。

表 3.7　铝合金推拉门窗的允许偏差、限值和检验方法

项　　目		允许偏差、限值	检 验 方 法
门窗框槽口两对角线长度差	≤ 2000mm	≤ 2mm	用钢卷尺检查，量里角
	>2000mm	≤ 2.5mm	
门窗框槽口宽度、高度差	≤ 2000mm	± 1.5mm	用钢卷尺检查
	>2000mm	± 2mm	
门窗框、扇装配间隙		<0.4mm	用塞尺检查
门窗框（含拼樘料）正、侧面的垂直度		≤ 2mm	用 1m 托线板检查
门窗框（含拼樘料）水平度		≤ 1.5mm	用 1m 水平尺和楔形塞尺检查
门窗横框标高		≤ 5mm	用钢板尺检查与基准线比较
双层门窗内外框、梃（含拼樘料）中心距		≤ 4mm	用钢板尺检查
门窗扇与框或相邻立边平行度		2mm	用 1m 钢板尺检查
框与扇、扇与扇竖向缝隙差		± 1mm	用塞尺检查
门窗扇开启力限值	扇面积 <1.5m²	≤ 40N	用 100N 弹簧秤钩住拉手处，启闭 5 次，取平均值
	扇面积 >1.5m²	≤ 50N	

2. 铝合金推拉门窗通病防治

铝合金推拉门窗通病防治见表3.8。

表3.8 铝合金推拉门窗通病防治

项目	质量通病	防治措施
材料及附件	进场型材及附件不经检验就用	（1）进场型材及附件，应逐批检查核实出厂质量合格证。 （2）型材系列至少要检验外观质量（全数检查）和机械性能（抽样检查）。 （3）产品质量符合设计要求或现行国家标准后方可投入使用
	型材壁厚与设计不符	（1）设计图应注明门窗型材系列和该系列型材的壁厚。 （2）现场施工监理和质检人员对已进场的型材应逐批用卡尺测量各系列型材的实际壁厚，不符合设计规定者坚持退货不用
制作	沉头螺钉外突	（1）穿孔钻头与沉头螺钉直径配套。 （2）平稳扭紧卧平，不得偏斜
	门窗框与墙体连接件采用的材料未经处理	（1）铝合金门窗框与墙体的连接件，宜采用不锈钢。 （2）碳素结构扁钢做连接件时，须经热镀锌处理。 （3）凡未经处理的材料，不得用于铝合金门窗框连接件，避免电化学反应
安装	外窗框不留嵌填密封膏的槽口	门窗套粉刷时，应在门窗框的外框边嵌条，留5~8mm深的槽口，槽口内用密封膏填密密封，表面应压平、光洁
	砖砌洞口，用射钉紧固门窗框连接件	当门窗洞口为黏土砖砌体时，应用钻孔或凿洞方法固定连接件，射钉固定不牢固
	门窗框周边用水泥砂浆嵌缝	（1）门窗四周应为弹性连接，至少应填充20mm厚的保温软材料，避免门窗框周边形成冷热变换区。 （2）粉刷门窗套时，门窗框内外框边应留槽口用密封胶填平、压实。 （3）严禁水泥砂浆直接同铝合金门窗框接触，以防腐蚀
	灰浆、胶液沾污门窗框、扇	（1）室内外粉刷未完成前，切勿撕除门窗框保护胶带。 （2）门窗套和室内外粉刷时，应用塑料膜遮掩门窗。 （3）门窗沾上灰浆应及时用浸有清洁剂的擦布擦除，切忌用硬物刨刮

此外在实际应用中，铝合金推拉门窗除上表的通病外还存在下面几项通病需要防治。

（1）外墙面安装的铝合金推拉窗的下框槽口内积水、渗水。其防治措施如下。

1）当窗口下框型材竖向翼缘朝外安装时，暴雨水入框后，易被翼缘堵住造成槽口内积水。因此，安装时应在翼缘平底钻流水孔。另外，导轨根部也应钻流水孔，使积水顺孔外流。

2）窗口下横框与竖框相接处槽、榫拼合应严密，丝缝须打注硅酮密封胶封严，防雨水流入框底内渗。

3）窗框下框与洞口底面间隙的大小应根据不同饰面材料留设，一般间隙不应小于50mm，使外窗台能做成流水坡，便于雨水外排。切忌密封膏掩住横框，阻碍排水。

（2）窗扇很容易被人从外面摘下来。其防治措施如下。

1）安装房屋底层外窗时，窗口下横框型材翼缘应向外安装，可阻止窗扇不易摘下。

2）窗扇上横两侧与上滑道之间的毛条缝隙应为2mm；窗扇勾企与上横框的上滑道之间的间隙应为1.5～2mm，使窗扇不能向上抬起，脱离下滑道而被摘下。

（3）组装门窗的明螺丝未加处理。防治措施如下。

1）门窗组装过程中应尽量少用或不用明螺丝。如必用明螺丝时，应用同颜色的密封材料填埋密封。

2）采用不锈钢螺丝。

3.4　塑钢门窗

3.4.1　塑钢门窗安装质量要求

（1）塑钢门窗的规格、型号及五金配件质量必须符合设计要求，窗的质量及力学性能符合国家现行有关标准的规定。

（2）塑钢门窗安装的位置，开启方向必须符合设计要求；窗的抗风压、空气渗透、雨水渗透性能应达到国家现行标准要求的分级规定。

（3）塑钢门窗必须安装牢固；预埋件的数量、位置、埋设连接方法必须符合设计要求；窗采用的五金件、紧固件、增强型钢及金属付板等型号、规格、性能及要求均应符合国家现行标准的有关规定。

（4）塑钢门窗框与非不锈钢紧固件接触面之间必须做防腐处理；窗与洞口密封胶应具有弹性和黏结性，严禁用水泥砂浆作框与墙体间的填塞材料。

（5）玻璃的品种、规格及质量应符合国家现行产品标准的规定，单片玻璃大于 1.5m² 必须采用钢化玻璃。

（6）塑钢门窗的质量要求和检验方法见表 3.9。

表 3.9　塑钢门窗质量要求和检验方法

项　目	质　量　要　求	检　验　方　法
平开门窗	关闭严密，间隙均匀，开关灵活，高低一致	观察和开闭检查
推拉门窗	关闭严密，间隙均匀，扇与框搭接量符合设计要求	观察和用深度尺检查
弹簧门扇	自动定位准确，开启角度为 90°±1.5°，关闭时间在 6～10s 范围之内	用秒表、角度尺检查
门窗附件安装	附件齐全，安装位置正确、牢固，灵活适用，达到各自的功能，端正美观	观察、手板和尺量检查
门窗框与墙体间缝隙填嵌	填嵌饱满密实，表面平整、光滑、无裂缝，填塞材料、方法符合设计要求	观察检查
门窗外观	表面洁净，无划痕、碰伤；涂胶表面光滑、平整，厚度均匀，无气孔	观察检查
密封条	密封条与玻璃及槽口接触紧密平整不得露框外，不得卷边脱槽	观察检查
密封质量	门窗关闭后各配合处无缝隙，不透气，密封面上的密封条处于压缩状态，严实均匀	观察检查
玻璃	平整牢固，垫块安装正确，不松动，内外表面洁净，夹层内无灰尘和水汽	观察检查
排水孔	畅通、位置正确	观察检查

（7）塑钢门窗安装的允许偏差、限值和检验方法见表 3.10。

表 3.10　塑钢门窗安装的允许偏差、限值和检验方法

项目			允许偏差限值	检验方法
门窗框两 对角线长度差		≤ 2000mm	3mm	用钢卷尺检查、量里角
		>2000mm	5mm	
推拉扇	门窗扇开启 力限值	扇面积 ≤ 1.5m²	≤ 40N	用 100N 弹簧秤钩住拉手 处，启闭 5 次取平均值
		扇面积 >1.5m²	≤ 60N	
	门窗扇与框或相邻扇立边平行度		2mm	用 1m 钢板尺检查
平开窗	门扇与框搭接宽度差		1mm	用深度尺或钢板尺检查
	同樘窗相邻扇的横端角高度差		2mm	用拉线或钢板尺检查
弹簧 门扇	门扇对口缝或扇与框之间立横缝 留缝限值		2～4mm	用楔形塞尺检查
	门扇与地面间隙留缝限值		2～7mm	
	门扇对口缝关闭时平整		2mm	用深度尺检查
门窗框（含拼樘料） 正、侧面的垂直度		≤ 2000mm	2mm	用 1m 托线板检查
		>2000mm	3mm	
门窗框（含拼樘料）的水平度			2mm	用 1m 水平尺和楔形塞 尺检查
门窗框的标高			5mm	用钢板尺检查与基准线 比较
双层门窗内外框、梃（含拼樘料）中心距			4mm	用钢板尺检查

3.4.2　塑钢门窗常见质量问题及防治措施

塑钢门窗常见质量问题及防治措施见表 3.11。

表 3.11 塑钢门窗常见质量问题及防治措施

项目	质量问题	防治措施
材料	小五金易锈蚀	小五金应选用镀铬、不锈钢或铜质产品
安装	门窗框变形	（1）临时固定门窗框的对拔木楔，应设置在边框、中横框、中竖框等能受力部位。门框下口，必须安装水平木撑子方可抄楔。 （2）对拔楔固定后，应从严校正门窗框的正侧面垂直度、对角线和水平度；如有偏差值超过规定，仍应进行调整，直至合格为止，使门窗扇能启闭正常
	门窗扇启闭不正常	（1）门窗框与扇应配套组装。 （2）安装门窗时，其门窗扇应放入框内，待框和扇四周缝隙合适，扉扇反复启闭灵活后，方可将门窗框子定牢固
	门窗框显锤痕	（1）安装时，严禁使用锤子敲打门窗框；如需轻击时，应垫木板，锤子不得直接接触框料。 （2）框扇上的污物，严禁使用刮刀，只能用软物轻轻擦去。 （3）有严重锤痕的门窗，应撤除换新
	硬物塞缝	（1）门窗框与洞口墙体之间的填缝材料，必须采用发泡的软质材料；安装前应备足塞缝软料。 （2）严禁用含沥青的材料、水泥砂浆或麻刀灰塞缝。 （3）双面注密封膏应冒出连接件 1～2mm
	门窗污染	（1）洞口粉刷时，必须粘防污纸。 （2）个别被水泥污染部位，应立即用擦布抹干净。 （3）门窗玻璃安装后，及时擦去胶液，使玻璃明亮无瑕

3.5 彩铝门窗

3.5.1 彩铝门窗的安装质量要求

（1）门窗表面。洁净、平整、光滑、大面无划痕、碰伤，型材无开焊断接。

（2）五金件。齐全、位置正确、安装牢固、使用灵活、达到各自的使用功能。

（3）玻璃密封条。密封条与玻璃及玻璃槽口的接触应平整，不得卷边、脱槽。

（4）密封质量。门窗关闭时，扇与框间无明显缝隙，密封面上的密封条应处于压缩状态。

（5）单玻璃。安装好的玻璃不得直接接触型材，玻璃应平整、安装牢固、不应有松动的现象，表面应洁净，单镀膜玻璃的镀膜层应朝向室内。

（6）双玻璃。安装好的玻璃应平整、安装牢固、不得有松动现象，内外表面均应洁净，玻璃夹层内不得有灰尘和水汽，双玻璃条不得翘起，单面镀膜玻璃应在最外层，镀膜层应朝向室。

（7）压条。带密封条的压条必须与玻璃全部贴紧，压条与型材的接缝处应无明显缝隙，接头缝隙应不大于 1mm。

（8）拼樘料。应与窗框连接紧密，不得松动，螺钉间距应不大于 600mm，内衬增强型钢两端均应与洞口固定牢靠，拼樘料与窗框间应用嵌膏密封。

（9）平开门窗扇。关闭严密、搭接量均匀，开关灵活、密封条不得脱槽。开关力：平铰链应不大于 80N，滑掌铰链应在 30 ~ 80N 间。

（10）推拉门窗扇。关闭严密，扇与框搭接量符合设计要求，开关力应不大于 100N。

（11）旋转窗。关闭严密，间隙基本均匀，开关灵活。

（12）框与墙体连接。门窗框应横平竖直、高低一致，固定片安装位置应正确，间距应不大于 600mm。框与墙体应连接牢固，缝隙内应用弹性材料填嵌饱满，表面用嵌缝，膏密封，无裂缝。

（13）彩铝门窗的允许偏差、限值和检验方法应符合表 3.12 的规定。

表 3.12　彩铝门窗安装的允许偏差和检验方法

项　　目		允许偏差、限值（mm）	检验方法
门窗槽口对角线长度差	≤ 2000mm	3	用钢卷尺检查
	> 2000mm	4	
门窗槽口宽度、高度差	≤ 1500mm	1.5	用钢卷尺检查
	> 1500mm	2	
门窗框正、侧面的垂直度		2.5	用垂直检测尺检查
门窗框的水平度		2	用 1m 水平尺和塞尺检查

项　目	允许偏差、限值（mm）	检验方法
门窗横框标高	5	用钢尺检查
门窗竖向偏离中心	5	用钢尺检查
双层门窗内外框间距	4	用钢板尺检查
推拉门窗扇与框搭接量	1.5	用钢板尺检查

3.5.2　彩铝门窗安装常见质量问题及与预防措施

彩铝门窗常见质量问题及预防措施见表 3.13。

表 3.13　彩铝门窗常见质量问题及预防措施

质量问题	原因分析	预防措施
型材选择不当，断面小，强度不够	铝合金门窗材料的防范不符合要求。塑钢门窗料质量不合格	门窗框型材规格、数量符合国家标准。铝合金型材的外框壁厚不得小于2.4mm。塑钢窗料厚度不得小于 2.5mm
门窗型材的内衬钢配置不符合标准，钢材壁薄、强度差	内衬钢分段插入，形不成整体加强作用；内衬钢与塑料型材连接不牢等	提高材料质量，检查塑料型材外观，合格的型材应为青白色或象牙白色，洁净、光滑。质量较好的应有保护膜
摇晃，不稳	安装节点未按规范规定。没有根据不同的墙体采用不同的固定方法	根据门窗洞口尺寸、安装高度选型材截面，平开窗不小于 55 系列，推拉窗不小于 75 系列严格按规范规定安装，确保牢固稳定

3.6 断桥铝门窗

3.6.1 断桥铝门窗质量要求

1. 材料质量要求

（1）断桥铝型材必须符合《断桥铝建筑型材》（GB/T 5237–2000）的要求，并且钢衬必须镀锌或作防腐处理，以免在使用过程中生锈，污染墙面。不得使用工艺木衬。

（2）五金配件的选择和配置是保证门窗质量的重要因素之一。即便是性能优良的窗型，也必须靠优质配件的选择和配置来保证，五金配件的型号、规格和性能应符合国家现行标准的有关规定。

（3）推拉门窗的滑轮、毛条、防脱落密封器、下密封块是保证推拉门窗质量比较重要的配件。滑轮是门窗启闭是否顺畅的关键所在，应使用滚动轴承尼龙轮。防脱落密封器是防止窗扇脱落的安全保障同时兼具勾企与上滑道之间的密封功能，应使用耐久性好的ABS塑料和三元乙丙橡胶。下密封块是起着勾企与下滑道之间的密封作用，可有效防止在波动荷载的作用下溅水现象的发生，应使用三元乙丙橡胶。毛条是窗扇与窗框的密封件，决定门窗气密性的优劣，普通化纤毛条遇水会卷曲而失去密封作用，必须使用硅化毛条。

（4）平开门窗的合页（或滑撑窗摩擦铰链）、执手、框扇间的密封胶条是保证平开门窗质量最为重要的配件。合页（或滑撑窗的摩擦铰链）的承载能力是关系到门窗的安全和启闭是否顺畅的关键所在，合页的承载能力强于摩擦铰链，所以合页可制作分格较大的窗扇使用，摩擦铰链只适用于分格较小的窗或上悬窗。执手关系到门窗安全和密封性能的重要配件，普通执手只适用于在分格和荷载都较小的窗扇上使用，欧式多点执手适用于在分格和荷载都较大的窗扇上使用；框扇间的密封胶条是平开门窗气密性和水密性的保证，原生的 PVC 胶条的密封有效性约 5 年左右，再生的 PVC 胶条的则不具有密封的有效性，理想的是使用三元乙丙等耐候性好的橡胶。

（5）隐框窗使用的结构胶和耐候胶在使用前应与型材和玻璃做相容性试验。

2. 产品质量要求

断桥铝门窗的组装厂家，必须提供合格的门窗半成品和配件。应根据实际工程设计图纸要求，进行断桥铝门窗的详细设计和组合，需要时，还应进行抗风压强度和变形验算。在运输过程中应采取保护措施。断桥铝门窗半成品及配件运至现场后，必须按建设工程质量检测见证取样的有关规定随机抽取相应樘数的门窗送检测中心，按《隔热型材门》(JG/I 3017)、《隔热型材窗》(JG/T 3018) 的有关规定，进行抗风压、空气渗透、雨水渗漏 3 项物理性能检验。并不得有下垂和翘曲变形，以免妨碍开关功能。检验合格的产品方能安装。

3. 构造尺寸要求

安装断桥铝门窗前，应认真熟悉图纸，检查预留洞口尺寸是否符合图纸设计要求。

无下框平开门门框的高度应比洞口高度大 30mm，以便埋入地面。出厂时无门槛的门框下部应用 ϕ 8mm 或 ϕ 10mm 螺杆将两边框临时固定，保证安装时门框的固定形状和尺寸；带下框平开门或推拉门门窗高度应比洞口高度小 5 ~ 10mm。

落地门窗的强度和刚度普遍不足，应对其中的主受力柱（梁）

进行加强处理，高层建筑外门窗位置高度不小于 30m 时，应按《建筑物防雷设计规范》（GB 50057—2010）执行。

4. 安装质量要求

（1）安装前应对门窗洞口的形状和位置精度进行放样校核，检查预埋混凝土的数量和位置是否符合设计要求，高层窗是否按规定接入防雷带，对于不合格的部分应督促建设单位整改。

（2）用水泥砂浆嵌缝的氧化材门窗，上墙前应作防腐处理。除朝外墙面外，窗框的其他表面均用粘胶带或塑料带保护。朝墙面不得有粘胶带或塑料带的存在，以免造成结合部缝隙渗水。

（3）门窗上墙后用木楔块调整定位，再用射钉固定，不得用铁钉、木楔固定。嵌缝前应请监理单位（或建设单位）作好隐蔽工程验收记录后，并对门窗的垂直、水平、对角线进行校核，嵌缝后木楔块不得遗留在缝内。

（4）窗框与墙体间打防水胶必须在墙体干燥后进行。若墙体未干燥、灰尘未清除干净，墙体释放出的水蒸气及会使密封失效。

（5）湿作业完成后，安装玻璃和窗扇前，清除保护的粘胶带或塑料带以及窗框部门的污物。

（6）玻璃和窗扇安装后，应检查配件是否漏装、安装是否牢固、窗扇启闭灵活，验收前外开平开窗应关闭，防止急风暴雨造成窗扇的损坏。

（7）验收前应对断桥铝门窗进行清洁和自检，不得使用对铝型材、玻璃及五金配件有腐蚀性的清洁剂；对自检出来的问题应及时整改。

5. 沿海地区安装要求

沿海地区由于风雨中所含的盐碱量比较大，部分地区存在使用国家标准严禁使用的未经淡化处理过的海沙情况，断桥铝门窗的腐蚀问题比较严重，应予以特别的重视。除应按照上述的程序操作外，还应严格按照以下的程序操作。

（1）运入工地现场的断桥铝门窗应放置在通风良好、干燥且清洁的仓库内。

（2）放置处的枕木面离地高度应不小于100mm，每码堆不得超过15樘（扇），每樘（扇）间应用软材料垫平，以防止压伤及断桥铝、五金件间的相互摩擦破坏型材表面的保护膜。

（3）门窗洞口必须要有滴水线，安装前应先检验。因为流过海沙制成的墙面的雨水具有很强的腐蚀性，必须予以防范。

（4）安装铁片宜采用卡式，尽量减少破坏断桥铝保护层的加工量。

（5）断桥铝型材结合部应用中性胶进行密封，防止雨水进入没有保护层的内腔。根据经验，通常腐蚀是从没有保护层的内腔开始的。

（6）内外装修完工后，撕去保护胶带并清洁门窗，不得用腐蚀性的液体及硬物清洁门窗，以免破坏表面漆膜。

（7）铝是活泼金属，保护层损伤处是没有防腐能力的，容易发生腐蚀，应采取必要的措施加强对型材表面漆膜的保护。

（8）水是腐蚀之源，应防止雨水进入没有防腐能力的断桥铝型材内腔。

6. 成品保护要求

（1）门窗及拼条装饰面应加保护膜，待建筑施工竣工后揭去。

（2）装运门窗的运输工具，应有防雨措施。运输门窗应竖立排放，固定牢靠，防止颠震损坏。樘与樘之间应用材料隔开，五金配件也应相互错开，以免相互磨损及压五金件。

（3）装外出门窗应轻拿、轻放，不得撬、甩摔。应保证产品不变形、不损坏、表面完好。

（4）门窗应放置在通风、干燥、清洁、平整的地方，且应避免日晒雨淋，不得与腐蚀性物质接触。门窗不应直接接触地面，底部垫高不应小于5cm。门窗均应立放，立放角度不小于70°，并应采取防倾倒措施。

（5）储存门窗的环境温度应低于50℃。当环境温度为0℃的环境中存放门窗时，安装前应在室温下放置24h。

3.6.2　断桥铝门窗常见质量问题及防治措施

1. 门窗不水平

门窗安装后，出现一头高一头低、扇和框的缝隙不均匀现象，有时存在上宽下窄或下宽上窄的问题。处理这种问题，首先要测量窗台或地面的水平度，看一下哪边高，然后以高点为基准，低的地方用木楔或垫块临时固定，以调整窗框的水平度。水平度调好了，窗子就不会出现一边高一边低的现象。

2. 门窗倾斜

门窗在安装完毕后，出现了倾斜、门扇走扇推拉不好的现象，这主要是由于安装人员在安装过程中没有用线坠，靠尺检查门窗与地面或台面的垂直度，造成偏差过大。因此安装门窗时，一定要按安装规范去做。

3. 门窗焊角开焊、型材断裂

此种问题主要是由于安装人员在搬运、装卸、安装过程中不注意造成的。因此安装人员在安装时应轻拿轻放，不得撬、甩、摔。敲打门框要用橡皮锤轻轻地敲，切不可用铁锤去敲。

4. 门窗渗水

（1）在型材、玻璃、配件上首先应把好质量关，其次在断桥铝门窗下料、组装方面要提高制作精细程度，特别要注意嵌玻璃时扇与扇以及扇与四周框搭接处的密封情况。在断桥铝门窗安装时，注意断桥铝门窗安装周正、牢固，在断桥铝门窗框与墙之间用聚氨酯发泡剂填充，打好框与墙间的密封膏。建议在窗的下滑道处使用玻璃胶密封，为求颜色统一，可在玻璃胶干后加盖密封膏，以防止断桥铝门窗渗水。

（2）安装前应先弹出安装位置线，安装时应及时检查其正侧面的垂直度，并调整框与墙体周围的缝隙，保证四周的缝隙均匀，上下顺直，缝隙宽度宜为 10mm 左右，为嵌缝创造良好的条件，严禁将断桥铝门窗框直接埋入墙体。

（3）加强土建各工种的配合工作，洞口尺寸应根据内外装饰工艺的种类预留，保证断桥铝门窗洞口尺寸符合有关规范的规定。

（4）加强断桥铝门窗框与墙体连接质量的检查。连接牢固是保证断桥铝门窗不渗水的关键环节之一，预埋铁件到断桥铝门窗口角部的距离不得大于 180mm，预埋铁件的间距不得大于 500mm；其宽度不得小于 25mm，厚度不得小于 1.5mm；其固定方法应根据墙体的类型进行选择：若为混凝土墙体时，可采用 4mm 或 5mm的射钉固定；若为砖砌体时，可采用冲击钻打不小于 10mm 的孔，再用塑料膨胀螺栓固定，严禁采用射钉或水泥钉固定；若为混凝土小型砌块时，则应采用先预埋铁件，并用细石混凝土嵌填密实或在洞口附近用砖砌体过渡。

（5）嵌填框与墙体四周缝时，应先用矿棉条、玻璃丝毡条、泡沫塑料条或泡沫聚氨酯条分层嵌填，避免断桥铝门窗框四周形成冷热交换区，从而在冬季产生结露现象，缝隙外表应留 5～8mm 深的凹槽，凹槽应用密封胶或密封膏嵌填，严禁采用水泥砂浆填塞。

（6）窗的下框窗台坡度应明显，窗口上部应按要求做滴水线，下框应钻泄水孔，并防止密封胶堵塞，以利雨水及时排除。

（7）镶玻璃所用的橡胶密封条应有 20mm 的伸缩余量，并在四角斜面断开，断开处必须用密封胶粘牢，避免因其产生温度收缩裂缝，密封条及毛刷条必须镶贴到位，防止该处成为渗水的薄弱环节。

（8）迎风面或雨水冲刷面为阻止雨水渗过断桥铝门窗与墙体之间的充填材料，适当考虑止水挡板或其他防水涂膜，增加抗渗性能。

（9）室外窗台应低于室内窗台板 20mm 为宜，并设置顺水坡，雨水排放畅通，避免积水渗透。铝断桥铝门窗与外墙要有一定的距离，避免雨水直接冲刷。

（10）断桥铝门窗连接件的材质、规格，连接方法应符合当地《铝合金断桥铝门窗技术规程》要求。

（11）打胶应由技术熟练的工人负责，从而保证打胶质量，避免因打胶断续而造成渗水。

第 4 章 隔断工程

　　隔断分为活动隔断和固定隔断两种，用来分隔房间和建筑物内部空间以达到通风、采光等不同使用功能的目的。隔断要求自身质量轻，厚度薄。便于拆移和具有一定刚度及隔声能力。

4.1 木龙骨隔断

4.1.1 木龙骨隔断施工的质量要求

1. 木龙骨安装质量要求

（1）木骨架所用材料的品种、规格及隔断骨架安装构造和固定方法等，均应符合设计要求。

（2）木骨架的防腐、防蛀和防火处理，应符合设计要求及有关规定。

（3）木骨架与基体结构的连接应牢固，无松动现象。

（4）木骨架的允许偏差见表 4.1。

表 4.1 木骨架的允许偏差

项 目	允许偏差（mm）	检 验 方 法
立面垂直度	3	用 2m 托线板检查
表面平整度	2	用 2m 直尺和楔形塞尺检查

2.罩面板安装质量要求

（1）罩面板应表面平整、边缘整齐，不应有污垢、裂纹、缺角、翘曲、起皮、变色、脱胶和腐朽等缺陷，质量应符合国家标准、行业标准的规定。

（2）胶合板不得有曝透处；安装纤维板与板面齐平的钉子、木螺钉应镀锌，连接件、锚固件应作防锈处理。

（3）隔断的下端如用木踢脚板覆盖，罩面板应离地面 20 ~ 30mm；用大理石等其他材质的踢脚板时，罩面板下端应与踢脚板上口齐平，接缝严密。

（4）民用电器等的底座，应嵌装牢固，其表面与罩面的底面齐平；门框或筒子板与罩面板相接处应齐平，并用贴脸板覆盖。

（5）安装罩面板时应先按分块尺寸弹线，安装顶棚应由中间向两边对称进行，墙面与顶棚接缝应交圈一致。

（6）胶合板及纤维板隔断罩面工程质量允许偏差，应符合表 4.2 的规定。

表 4.2　胶合板及纤维板隔断罩面工程质量允许偏差

| 项目 | 允许偏差（mm） | | 检验方法 | 项目 | 允许偏差（mm） | | 检验方法 |
	胶合板	纤维板			胶合板	纤维板	
表面平整	2	3	用 2m 直尺和楔形塞尺检查	压条平直	3	3	拉 5m 线检查，不足 5m 拉通线检查
立面垂直	3	4	用 2m 托线板检查	接缝高低	0.5	1	用直尺和楔形塞尺检查
接缝平直	3	3	拉 5m 线检查，不足 5m 拉通线检查	压条间距	2	2	用尺检查

4.1.2　木龙骨隔断施工常见质量问题与防治措施

（1）饰面锈斑。以胶合板及硬质纤维板作罩面的室内隔断，当采用涂料或壁纸墙布作饰面时，出现锈斑的原因突出反映了钉件质量和批抹钉眼问题。板材铺钉的钉件必须选用镀锌防锈合格制品，罩面完成后必须以油性腻子封盖钉头部位。

（2）罩面板的裂缝和墙体变形。木龙骨应为质量合格的锯材，须有足够的断面尺寸，重要部位应采取增强措施，龙骨接触混凝土及砖砌结构面应作防腐处理；木质罩面及木质板材在运输、存放和施工过程不得扔摔、碰撞和受潮；隔断构造必须按设计要求严格装配各连接紧固点应确保固结质量；骨架施工完成后，在罩面板安装前应通过中间验收。

目前使用最多的木隔断胶合板罩面，应选用五层板以上的厚质胶合板，板材作封闭式铺钉时应尽可能地采用整板，并应保证边角完整，锯割板应保证规矩，板块拼装时要使板缝严密但不应强压就位。板块的周边应确保铺钉于立筋及横撑上，不得空置浮搁。

罩面板板缝处理方法取决于最终的饰面要求，根据设计规定，可以在龙骨处保留凹缝，或做压条缝以及局部罩面的阶梯缝等。凡属密缝（无缝）处理需再做表层饰面的板块对接处，宜采用粘贴接缝带（纸带或玻璃纤维网格胶带）的方法，以保证板缝处的固结强度及罩面的平整度。

为有效防止隔断变形和开裂现象，木隔断与建筑结构体表面接触部位，宜采用纸面石膏板隔断的做法，加垫氯丁橡胶条或泡沫塑料条，而不是与楼地面（或踢脚台面）、楼板（或梁）底及墙柱面顶紧。缝隙表层注入弹性密封膏，各阴角可采用柔性接缝纸带封闭，或以装饰线脚（角条）收边。

4.2 轻钢龙骨隔断

4.2.1 轻钢龙骨石膏板隔墙施工质量要求

1. 隔断龙骨安装质量要求

（1）轻钢龙骨的品种、系列、规格和隔断构造及安装方法等，应符合设计要求。

（2）轻钢龙骨的外观质量、技术性能，应符合国家标准的有关规定；骨架配件质量应符合现行行业标准的有关要求。

（3）隔断骨架装配及罩面安装所用的钉件等，均应符合相应的国家标准和行业标准；铁件应为镀锌制品；埋设木砖时应作防腐处理。

（4）轻钢龙骨的安装施工应符合《建筑装饰工程施工及验收规范》（JGJ 73—91）的有关规定。

（5）安装罩面板前，应检查隔断骨架的牢固程度，如有不牢固处应进行加固。

（6）隔断骨架的允许偏差，应符合表 4.3 的规定。

表 4.3　隔断骨架的允许偏差

项　目	允许偏差（mm）	检　验　方　法
立面垂直	3	用 2m 托线板检查
表面平整	2	用 2m 直尺和楔形塞尺检查

2. 纸面石膏板的装钉质量要求

（1）纸面石膏板的板材外观质量及技术性能应符合国家标准的有关规定。

（2）纸面石膏板的铺设方向应正确，安装牢固，接缝密实、光滑，表面平整。

（3）石膏板隔断罩面工程质量的允许偏差主要有下列三项。

1）用 2m 直尺和楔形塞尺检查，表面平整度允许偏差为 3mm。

2）用 2m 托线板检查，立面垂直度允许偏差为 3mm。

3）用直尺和楔形塞尺检查，接缝高低允许偏差为 0.5mm。

4.2.2　轻钢龙骨隔断常见质量问题及防治措施

轻钢龙骨隔断质量问题及防治措施见表 4.4。其他质量问题与第 1 章轻钢龙骨纸面石膏板吊顶基本相同，参见第 1 章有关内容。

表 4.4　轻钢龙骨隔断质量问题及防治措施

质量通病	产生原因	防治措施
饰面开裂	（1）罩面板边缘钉结不牢，钉距过大或残损钉件未经补钉。 （2）接缝处理不当，未按板材配套嵌缝材料及工艺进行施工	（1）注意按规范铺钉。 （2）按照具体产品选用配套嵌缝材料及施工技术。 （3）对于重要部位的板缝采用玻璃纤维网格胶带取代接缝纸带。 （4）填缝腻子及接缝带不宜自配自选
罩面板变形	（1）隔断骨架变形。 （2）板材铺钉时未按规范施工。 （3）隔断端部与建筑墙、柱面的顶接处处理不当	（1）隔断骨架必须经验收合格后方可进行罩面板铺钉。 （2）板材铺钉时应由中间向四边顺序钉固，板块之间密切拼接，但不得强压就位，并注意保证错缝排布。 （3）隔断端部与建筑墙、柱面的顶接处，宜留缝隙并采用弹性密封膏填充。 （4）对于重要部位隔断墙体，必须采用附加龙骨补强，龙骨间的连接必须到位并铆接牢固

　　此外，隔断施工时也应注意环境湿度骤变给石膏板材造成的线性收缩及明显膨胀现象。为此，不宜在环境温度过大及干湿显著不稳定的场所或天气条件下从事纸面石膏板的罩面施工。

　　当隔断墙体过大，通长超过 20m 时应设置控制缝（伸缩缝、膨胀节），以避免墙体受室温变化影响而发生变形。控制缝的设置部位及所用材料由设计确定，一般做法是将此处的龙骨分开留 10 ~ 15mm 间隙，采用与隔断罩面板相配套的控制接头制品（乙烯基伸缩缝压条）嵌入缝隙并以石膏腻子嵌抹缝边与石膏板面处理平整。

4.3 铝合金隔断

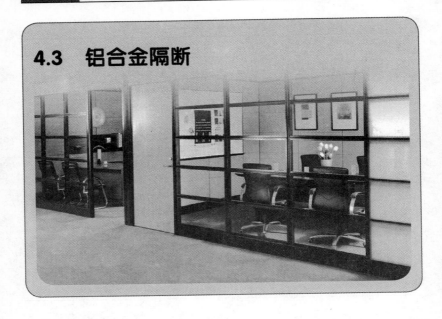

　　铝合金隔断施工质量要求以及常见质量问题与防治措施，参见本书 3.3 铝合金门窗工程的相关内容。

4.4 玻璃及玻璃砖隔断

4.4.1 玻璃及玻璃砖隔断施工质量要求

1. 玻璃安装质量要求

玻璃隔断施工时，玻璃安装质量要求参见本书 3.1 木质门窗工程的相关内容。

2. 玻璃砖砌筑质量要求

（1）根据设计要求，确定玻璃砖的规格、图案，同时计算玻璃砖的数量和排列次序；根据玻璃砖的排列做出基础底脚，底脚厚度通常为略小于玻璃砖厚度 10mm 左右；玻璃砖排列位置正确，均匀整齐，表面要求平直，无凹凸现象。

（2）胶结材料一般选用白水泥砂浆和白水泥浆，量比为白水泥：细砂 ＝ 1 ：1，白水泥：108 胶 ＝ 100 ：7；要求具有一定稠度，以不流倘为准；白水泥砂浆层厚度按设计尺寸严格控制并要平整、充实、均匀、平直；砌筑砂浆饱满密实，饱满度应为 100%。

（3）面积较大的玻璃砖隔墙砌筑时，为了保证侧向刚度，在每条砖缝内部都要埋设钢筋，并与四周框架焊牢，竖向与横向钢筋同样要绑牢或焊牢；在金属框架内砌玻璃砖时，要先在金属框架内侧设置塑料薄膜或采取其他防腐措施。

（4）玻璃砖墙内埋设钢筋时，竖向、横向、沿地、沿顶等龙骨（立筋、横撑）骨架安装必须位置正确、连接牢固、无松动，并与框架焊接。

（5）玻璃砖墙砌筑完后，进行表面勾缝，先勾水平缝，再勾竖缝，缝内要平滑，缝深度一致；如果要求砖缝与玻璃砖表面抹平，可采用抹面方法将其面抹平，勾缝或抹缝完成后，用布或棉丝把砖表面擦干净，玻璃砖墙完工后其表面应清洁无污痕。

（6）允许偏差玻璃砖墙砌筑允许的偏差见表 4.5。

表 4.5　玻璃砖墙砌筑允许偏差

项　　目	允许偏差（mm）	项　　目	允许偏差（mm）
轴线位移	10	水平缝、立缝平直（一面墙）	7
墙面垂直	±5	水平缝、立缝平直（两砖之间）	2
墙面不平整	5		

4.4.2 玻璃及玻璃砖隔断施工常见质量问题及防治措施

玻璃及玻璃砖隔断常见质量问题及防治措施，参见本书木质门窗工程的相关内容。

4.5 活动式木隔断

4.5.1 木夹板隔扇的制作安装质量要求

木夹板隔扇的制作安装质量，除应满足木门窗施工的质量要求外，还应注意以下几点。

（1）隔扇附件（如吊铁、地轨导轴板、橡胶垫等）质量，必须符合设计要求和有关规定。

（2）附件安装位置必须符合设计要求。

（3）附件必须牢固，固定点符合设计要求和施工规范的规定。

（4）附件防锈漆应涂刷两遍，均匀一致，不得漏刷。

（5）上、下轨道的位置、尺寸，框与扇之间的空隙必须符合设计要求。

（6）上、下轨道安装的水平度和中心线铅垂重合度符合施工规范的规定。

（7）上、下轨道及隔扇，必须安装牢固，固定点符合设计要求和施工规范的规定。

（8）隔扇安装推拉灵活，轻便稳定，无阻滞偏斜。

（9）五金件安装齐全，位置适宜，牢固端正，启闭灵活。

（10）隔扇安装允许偏差、留缝宽度和检验方法见表 4.6。

表 4.6　隔扇安装允许偏差、留缝宽度和检验方法

项　　目	允许偏差（mm）	留缝宽度（mm）	检验方法
上、下轨道全长水平高差	<2		用 1m 长水平尺
上、下轨道中心线铅垂重合度偏差	0.5		吊线坠
侧框全高正、侧面垂直偏差	≤2		用 2m 托线板
洞框对角线长度偏差	2.5		卷尺
隔扇与地面留缝宽度		5 ~ 8	楔形塞尺
隔扇与墙面间隙		4 ~ 5	
双扇对口缝缝隙宽度		1 ~ 2.5	

4.5.2　移动式木隔断的质量验评保证项目

1. 所用木材应符合下列规定

（1）木材含水率不大于 12%（胶拼件木材含水率 8% ~ 10%）。

（2）木材斜纹程度 = 倾斜长度 / 水平长度 ×100%（不大于 20%）。

（3）不得使用腐朽或尚在虫蚀的木材。

（4）外表用材活节直径不大于 1/5 材宽或厚，且最大直径不大于 5mm。

（5）外表用材不得有死节，虫眼和裂缝。

（6）内部用料的活节直径不大于 1/4 材宽或厚，且最大直径不大于 20mm。

（7）内部用料材裂缝长度，贯通裂缝不大于构件长度的 10%，非贯通裂缝不大于构件长度的 15%。

（8）内部用料钝棱局部厚度不大于 1/4 材厚，宽度不大于 1/5。

（9）涂饰部位不得有树脂囊。

（10）表面用材树种应单一，材性稳定，纹理相近、对称。

（11）同一胶拼隔扇的树种，质地应相似。

（12）包镶板隔扇用衬条，应尽可能使用质地相似的树种。

2. 其他辅料应符合的规定

（1）其他辅料、配件的品种、等级、规格、型号、颜色、花纹均应符合设计与产品技术标准的规定。

（2）构造做法，固定方法，应符合设计规定；安装应牢固，加胶接榫严密，不露明榫。推拉灵活。

（3）镶板表面应平整，边缘整齐，不应有污垢、翘曲、起皮、色差和图案不完整的缺陷。

（4）接触砖、石、混凝土的木骨架、立筋或木楞、预埋木砖等应作防腐处理；金属连接件应做防锈处理。吊轨、吊装架应是镀锌件，合页应用不锈钢或铜合页。

（5）隔断扇镶玻璃或裱糊墙纸、墙布，或做软包，应符合相应的质量验收标准的规定。

4.5.3 移动式木隔断的常见质量问题与防治措施

移动式木隔断的常见质量问题与防治措施见表 4.7。

表 4.7 移动式木隔断的常见质量问题与防治措施

项目	质量问题	防 治 措 施
制作	隔扇吊件、地轨导轴板安装的位置和木螺丝长度不符合设计和施工规范要求	（1）先在隔扇侧向双面弹纵向中心线，再在上、下梃截面上弹相应的中心线，铁件对中剔槽，深度同铁件厚度。 （2）木螺丝规格，直径 4.5mm，长度 40mm。 （3）木螺丝先用锤打入 1/3 深度然后拧入，严禁全部打入
	轨道附件加工尺寸不精确	（1）铁件应由机械专业加工厂制作。 （2）出厂产品必须由质检人员按设计图检查，不合格品不得验收
安装	上、下轨道铅垂中心和水平偏差过大	（1）定位线须经检测合格。 （2）操作过程中各道工序须经监理人员签字验收后方准进行下道工序。 （3）发现差错及时整改，直到复查合格
	隔扇与墙面的间隙过大	（1）隔扇与墙面间隙应控制在 4 ~ 5mm。 （2）精心施工，保证间隙不超过规定值
	隔扇面不方正或推拉发生阻滞	（1）在悬挂隔扇两端的转动螺帽下加适当厚度的垫片，以调整隔扇方正。 （2）在转动部位加润滑油。 （3）彻底清除地轨槽内灰渣，使导轴柱不受阻

第5章 楼梯工程

楼梯成为现代住宅中复式、错层和别墅及多楼层竖向空间的垂直交通连接工具。另外在当今居家装饰风格越来越受人们重视的同时，楼梯也成为许多设计师笔下的一屋之灵魂。作为极富有表现力的建筑造型部件，楼梯具有丰富的空间艺术性，通过利用楼梯可塑性强的实体特征可以创造出各种具有独特空间氛围的环境。

本章导读

- 木质楼梯
- 金属楼梯
- 玻璃栏板
- 石材楼梯

5.1 木质楼梯

5.1.1 木扶手的安装要点

（1）检查固定木扶手的扁钢是否平顺、牢固；在扁钢上钻好固定木螺丝的小孔，并刷防锈漆。

（2）测量各段楼梯实际需要的木扶手长度，按所需长度略加余量下料；当扶手长度较长需拼接时，最好先在工厂开手指禅，每一梯段上的摔接头不能超过 1 个。

（3）由下往上安装扶手；先做好起步点的弯头，再安装扶手；拧紧固定木扶手的木螺钉，螺钉头不能外露，螺钉间距宜小于400mm。

（4）现场做斜面拼缝时，木扶手断面的宽度超过 70mm，最好加暗木禅加固。

（5）木扶手末端与墙或柱的连接必须牢固，不能简单将木扶手伸入墙内，因为水泥砂浆不能和木扶手牢固结合，水泥砂浆的收缩裂缝会使木扶手入墙部分松动。

（6）沿墙木扶手的安装方法基本同前；由于连接扁钢不是连续的，所以在固定预埋铁件和安装连接件时必须拉通线找准位置，且不能有松动。

（7）木扶手安装好后，应对所有构件的连接进行仔细检查；木扶手的拼接要平顺光滑，不平整处要用小刨刨光，再用砂纸打磨光滑，然后刮腻子补色，最后按设计要求刷漆。

5.1.2 楼梯木扶手制作、安装施工质量要求

（1）所用材料的品种、质量、等级、规格、型号、尺寸必须符合设计和相应技术标准要求。

（2）制作尺寸精确，安装必须牢固，就位尺寸正确。

（3）扶手表面质量光滑平直，拐角方正，槽深一致，颜色一致，木纹接近，线条清晰美观，转角圆滑，弧度符合设计，接头平整严密。

（4）栏杆排列均匀、整齐，横线条与楼梯坡度一致，栏杆与扶手的金属连接件无外露，雕花、花饰尺寸、位置一致，线条图案清晰美观。

5.1.3 木质楼梯施工常见质量问题与防治措施

木质楼梯施工常见质量问题与防治措施见表 5.1。

表 5.1　木质楼梯施工常见质量问题与防治措施

质量通病	原因分析	防治措施
接头不严、开裂、脱胶	（1）扶手弯头木材不干燥，含水率过高，干缩后拉脱胶层，扶手产生裂纹。（2）接头未咬榫或只咬单榫，咬榫处未加胶。（3）所用材质太松软	（1）应选用优质硬木做扶手。（2）木材含水率一般不超过 8% ~ 12%（3）接头处必须咬双榫且加胶，严禁用铁钉连接。（4）宽度大于 70mm 的扶手要做暗大榫，拼接的弯头应做 45° 榫接，以保证拐角处方正
弯头不顺，表面不平整	（1）弯头加工粗糙，拐弯生硬。（2）弯头修整时没有仔细画线，或毛料裕量太小，造成尺寸误差	作弯头的毛料先画线制成毛坯，按设计尺寸和坡度先加工好底部平面，将制好的毛坯料放在实际位置并在弯头顶部画线，再加工成半成品，安装好再逐步与扶手找平找顺
扶手安装不直、塌腰不平顺	（1）木材含水率过高。（2）扶手断面过小、细长，加工后放置不当，受潮受热造成变形。（3）栏杆铁件安装未调直，铁件太薄	（1）木材含水率必须符合要求。（2）成品堆放要垫平放齐，不能受潮或暴晒。（3）栏杆立柱安装时，应先将上下两头的立柱标高找准，再拉通线安装中间立柱。（4）螺钉水平间距不宜大于 300mm
花纹、色泽不一致	选材时所用树种不一或木材采伐时间间距过大	要严格按设计要求选择同一树种的板材加工，加工前还要仔细对色
连接铁件接头焊渣不平，木螺钉钉头斜露	（1）焊渣未清理干净，未锉平。（2）螺丝孔位不合适，不方便施工。（3）操作不认真	（1）要用正式焊工施焊，焊渣应清理干净，并将焊缝锉平。（2）螺钉孔位应靠近立柱的上方向，便于操作拧紧。（3）操作要认真

5.2 金属楼梯

5.2.1 金属栏杆、扶手的质量要求

（1）栏杆、扶手所用材料的品种、规格、型号、颜色、壁厚必须符合设计规定要求（如设计对金属材料壁厚无要求者，其厚度应不小于 1.2mm）。

（2）栏杆、扶手的制作尺寸应准确，安装位置符合设计要求，安装必须牢固可靠。

（3）扶手表面应光滑细腻，无变形，镀膜、金属色泽光亮一致，颜色均匀一致，无剥落、划痕，拐角处及接头处的焊口应吻合密实，弯拐角圆顺光滑，弧形扶手弧线自然流畅，金属栏杆、扶手连接处的焊口表面、形状、平整度、粗糙度、色泽同连接件一致。

（4）栏杆排列均匀、竖立有序，与踏步相交尺寸符合设计要求，栏板与踏步埋件及扶手连接处焊接牢固，露明部位接缝密实，打磨光滑，无明显痕迹，粗糙度一致。扶手安装的坡度与楼梯的坡度一致。

（5）金属栏杆、扶手的允许偏差见表 5.2。

表 5.2　金属栏杆、扶手的允许偏差

项目	允许偏差（mm）	检验方法
扶手直线度	0.5	拉通线，尺量检查
栏杆垂直度	1	吊线，尺量检查
栏杆间距	2	尺量检查
弧形扶手栏杆与设计轴心位置差	2	拉线尺量

5.2.2　金属楼梯施工常见质量问题及防治措施

不锈钢栏杆和扶手的质量问题及防治措施见表 5.3。

表 5.3　不锈钢栏杆和扶手质量问题及预防措施

项目	质量通病	原 因 分 析	预 防 措 施
材料	管材表面光亮度不够，颜色发暗	所选用的材质不合格	应选用质量合格的管材
	镀钛管材表面色差大	不同牌号的管材其含碳、铬、镍和钼的量不同，所以即使在同一工厂内镀钛，其成品表面颜色也不一	（1）应注意选用同一类别和牌号的不锈钢管。 （2）工厂在镀钛前要将加工构件表面上的油迹和污物清洗干净
	整体刚度不够，用手拍击扶手有颤抖感	（1）扶手管壁太薄。 （2）立柱管径太小。 （3）设计立柱太少	（1）应选用壁厚≥1.2mm 的管材作扶手。 （2）立柱的管径不能太小，当扶手直线段长度较长时，立柱设计应有侧向稳定加强措施。 （3）修改设计，增加立柱

续表

项目	质量通病	原因分析	预防措施
制作和安装	立柱不垂直，排列不在同一直线上	弹线不准，安装方法不当	施工时必须精确弹线，先用水平尺校正两端基准立柱和固定，然后拉通线按各立柱定位将各立柱固定
	立柱花型尺寸大小不一	加工组合构件尺寸不准，立柱间距尺寸不准	（1）加工时要按设计花型先作标准样板，每一个组合构件尺寸都应与样板相一致。 （2）各立柱的就位要符合设计要求，最好能采用工业成品组合件
	扶手拐弯处不通顺	加工技术不高	（1）尽量采用专业工厂生产的直角弯头，非标准角弯管，按施工放样详图专门加工。 （2）加工厂应有专用生产设备；如用手工煨管，加工管材两端都要留出足够的余量，煨管后再将容易变形的端部切除
	立柱晃动不牢固	（1）预埋件松动。 （2）固定立柱底座用的胀管螺栓太短，或饰面石材下的水泥砂浆层不满饱	（1）施焊前应加强检查，发现有问题的埋杆应加固好。 （2）应加强每道施工工序的质量检查，以便及时纠正质量问题
	管材连接处有缝隙	（1）采用点焊，没有用满焊。 （2）钢管局部变形	（1）应派有经验的焊工施工，严格按操作规程施工。 （2）最好采用有内衬的套管
	圆弧形扶手弧线不通顺，有折棱	没有用专用设备加工成型，立柱定位不精确	应选择具有专用设备的工厂加工，要加强对加工构件的质量检查，防止不合格品流入施工区
磨平和抛光	焊缝未磨平滑	施工人员责任心不强	应加强现场管理，确保每道施工工序到位
	焊缝处管壁被磨穿透	选用的管材太薄，加工弯头时容易凹瘪，使管材的圆度变化，在对焊时又没有附加内衬套管，焊接后磨平焊缝时，容易将鼓起一端的管壁磨穿透	应选用厚度合适的管材，对焊时最好附加内衬套管

项目	质量通病	原 因 分 析	预 防 措 施
磨平和抛光	抛光亮度不够	磨光马虎，没有认真抛光	应先粗磨，逐次更换更细的磨片，一般至少换 6～8 次；最后用抛光片加抛光膏抛光
成品保护	表面有划痕、凹坑	成品保护不当，在交叉作业中被物体碰撞、划伤	（1）应合理安排施工工序，最好将扶手安装工作安排到后期进行。 （2）对已完工的栏杆扶手成品进行必要的隔离和保护，防止异物碰撞和划伤

5.3 玻璃栏板

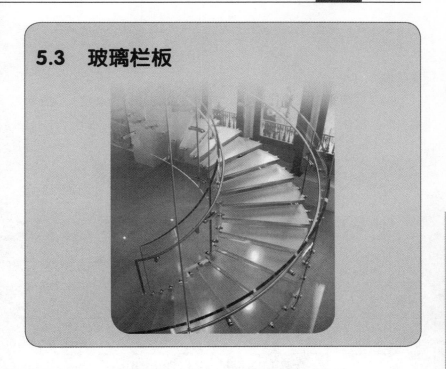

5.3.1 玻璃楼梯栏杆、扶手安装的质量要求

（1）所用材料的品种、质量、规格、尺寸等均符合设计要求及有关规定；立放玻璃的下部要有氯丁橡胶垫块，玻璃与边框、玻璃与玻璃之间都要有空隙以适应玻璃热胀冷缩的变化；玻璃的上部和左右的空隙大小，应便于玻璃的安装和更换。

（2）用螺栓固定的玻璃栏板，玻璃上预先钻孔的位置必须十分准确，固定螺栓与玻璃留孔之间要有空隙，并用胶垫圈或毡垫圈隔开，若发现玻璃留孔位置与螺栓配合时没有间隙，应重新加工玻璃，绝不能硬性安装。

（3）栏杆垂直度允许偏差不大于 2mm，栏杆间距允许偏差不大于 2mm，扶手纵向弯曲允许偏差不大于 3mm，扶手纵向高度允许偏差为 ±2mm。

（4）玻璃安装平整、无松动，玻璃表面洁净、无裂缝，胶缝无高低不平现象。

5.3.2 玻璃栏板安装常见质量问题及防治措施

玻璃栏板安装常见质量问题及防治措施，见表 5.4。

表 5.4 玻璃栏板安装常见质量问题及防治措施

项目	质量通病	防治措施
材料	玻璃发霉变色	在玻璃储存时要防止受潮受淋，通风条件要良好
裁割	尺寸过大或过小	裁割时要严格掌握操作方法，按施工放样图加工放线和裁割时所用的量具要符合标准和统一
磨边	边缘有缺口，磨边不齐	（1）应在大型玻璃工厂加工玻璃，加工设备能力有质量保证，切勿用人工砂磨机打磨和在小作坊加工。 （2）对玻璃嵌入边的加工质量容易忽视，更不能为降低成本而忽视对嵌入边的磨平
安装	玻璃安装不平或松动	（1）安装前要清除槽口的所有杂物和砂粒，铺垫氯丁橡胶垫块要均匀平整。 （2）对单边连续长度较大的全玻式栏板，最好用矩形低发泡间隔双面胶带先封平嵌缝的一侧，减少嵌缝型钢头处不平的影响，使嵌缝整体均匀平直有保证。 （3）固定玻璃的预埋钢配件的制作和安装要牢固和平齐。 （4）玻璃加工尺寸不能过小，必须保证玻璃嵌入尺寸。 （5）灌注玻璃结构胶和嵌缝胶前，应将注胶处的槽口和玻璃表面擦干净，要使用专用清洁剂和白布，并检查胶缝中的嵌条有无突起，要保证胶缝的设计厚度。一般胶缝在 3.5 ~ 4.5mm。 （6）要严格按照有关设计规范对胶缝的宽度和厚度进行计算，选用有质量保证和有可供设计作为正式力学性能依据的品牌胶种，不能使用过期失效的胶

续表

项目	质量通病	防治措施
注胶	胶缝高低不平	（1）要重视注胶施工环节对整体质量的重要性，不能随便安排普通工上岗操作。 （2）采用专用小工具，注胶后进行溜缝处理
	污染玻璃和框架	（1）在胶缝两侧必须先仔细粘贴足够宽度的纸胶带。 （2）在注胶时滴漏下的胶要及时用干净布擦掉
	胶缝脱胶不牢	在注胶前必须将槽口和玻璃与胶接触面用干净白布和专用清洁剂擦净。不能用湿布和水擦洗，接触面必须干燥和干净
表面清理	玻璃表面不干净或有裂缝	（1）严格对玻璃原材料的检查，对有气泡、水印、棱脊、波筋和裂缝等有缺陷的玻璃不能加工，要将不合格品拒绝在加工区以外。 （2）玻璃安装后，要采取必要的保护措施，避免其他专业施工造成污染和损坏。 （3）在交工验收之前应进行全面清理和擦洗，及时将存在质量缺陷的玻璃进行必要的更换和修理

5.3　玻璃栏板

5.4 石材楼梯

5.4.1 石材楼梯的质量要求

石材楼梯质量要求，见本书 2.7 墙柱面工程石材饰面施工部分相关内容。

5.4.2 石材楼梯施工常见质量问题及防治措施

石材楼梯的常见质量问题及防治措施，见表 5.5。

表 5.5 石材楼梯常见质量问题及预防措施

项目	质量通病	原 因 分 析	预 防 措 施
石材裁切	踏步石材的分格线不齐整	踏步石材长度切割尺寸误差太大，在施工中又未及时修正	应加强现场的技术管理，严格控制石材切割质量

项目	质量通病	原 因 分 析	预 防 措 施
石材裁切	旋转曲线楼梯的踏步板内外端应为圆弧曲线被改为直线	施工中片面强调方便，忽视旋转曲线楼梯的整体造型美，使踏步与圆弧曲线金属栏杆扶手不能相配	必须加强现场的技术交底，强调质量要求细节，制作石材踏步板样板
	石材栏板分块不均匀，有大有小	施工中技术管理工作薄弱	应绘制施工放样详图
	踏步尺寸和坡度不一致	施工中没有严格放线，对土建施工误差未进行及时改正	要注重放线工作，严格技术管理
踏步与扶手施工的配合	金属栏杆下斜杆咬入踏步内	踏步尺寸坡度不一致或设计尺寸错误	设计中必须对栏杆和踏步的关系进行详图设计，尤其对旋转曲线楼梯，其内外圈踏步（扶手）的坡度不一致，当投影半径较小时，踏步坡度变徒，如仍沿用平台栏杆的尺寸关系，容易发生错误
	扶手坡度与踏步坡度不一致	片面简化楼梯扶手在拐弯点的施工	必须绘制详细的施工放样详图，严格施工质量措施
	金属栏杆立柱处，石材踏步有切口	先竖立栏杆后铺石材踏步，造成安装顺序错误	要设计好栏杆立柱的安装节点，方便施工，立柱下部要设有盖板，以便遮盖缝隙
	石材扶手接头不平顺，缝隙较大。在旋转曲线楼梯中有死弯硬角	由于石材扶手不同于金属扶手，不能将弯头拐点做成连续构件，只能靠拼接连接	在施工拐点拼接时要进行仔细放线和试拼，切割时稍留有余量，再按试拼后情况逐渐磨削到位；对旋转曲线楼梯的扶手分段要根据楼梯半径的大小合理分段，半径愈小分段也应愈小，安装后对拼接处要局部磨平溜顺
成品保护	踏步板突出边沿破损	施工后未进行必要的成品保护，以致在人行和搬运物品时将突沿敲破	要用结实的木板做好保护

第6章 地面工程

地面是室内最为关键的界面，地面铺装工程一般包括地面砖、实木地板、竹地板、实木复合地板、强化复合地板、地毯等材料地面面层的铺贴安装工程施工。地面装修不但要满足室内装饰性，而且要满足具有良好的耐磨、防滑、耐久、保温、隔声吸音、易于清扫等使用功能的要求。

本章导读

木质地板铺装

塑料与塑胶地板铺设

地毯铺设

陶瓷地砖地面铺装

石材地面铺装

6.1 木质地板铺装

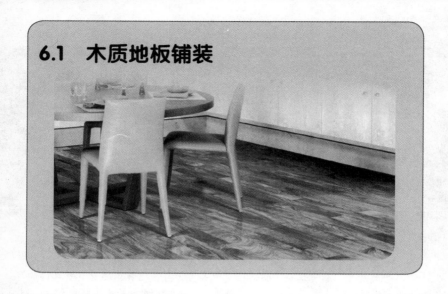

6.1.1 木质地板铺装施工质量要求

（1）木龙骨与基层接触面必须进行防腐处理，安装必须牢固、稳定。

（2）所使用的配件系统必须是合格产品，木地板含水率不应超过规范规定。

（3）同一房间内木地板面层颜色应尽量均匀一致。

（4）木地板面层与踢脚板的接缝应严密顺直，地板与管道及墙壁等交接处应预留 8 ~ 12mm 伸缩缝隙。

（5）木地板面层的允许偏差和检验方法见表 6.1。

表 6.1 木地板面层的允许偏差和检验方法

项 目		允许偏差（mm）	检 验 方 法
龙骨	间距	±20	用尺检查
	平整度	3	用 2m 直尺和楔形塞尺检查

114

项 目		允许偏差（mm）	检 验 方 法
木地板表面平整度	松木长条	3	用 2m 直尺和楔形塞尺检查
	硬木长条	2	用 2m 直尺和楔形塞尺检查
	拼花长条	2	用 2m 直尺和楔形塞尺检查
侧向接缝平直度		3	拉 5m 线检查，不足 5m 拉通线
相邻两块高差		± 0.5	用 2m 直尺和楔形塞尺检查
踢脚板上口平直度		3	拉 5m 线检查，不足 5m 拉通线
接头平整度		0.5	

6.1.2　木质地板铺装施工常见质量问题及防治措施

木质地板地面施工常见质量问题与防治措施见表 6.2。

表 6.2　木质地板地面施工常见质量问题与防治措施

质量问题	原 因 分 析	预 防 措 施
行走时有响声	木地板收缩松动	应严格控制木地板、龙骨的含水率
	龙骨与地面之间固定不牢，有松动	钉入地面内的木楔，应选用干燥、不易收缩的木材，与地面之间连接牢固
	毛地板、面板钉子少钉或钉得不牢	每块地板所钉钉子数量不应少，钉合应牢固
	铺装过程自检不严	每钉一块地板，用脚踩应无响声，否则应立即返工
拼缝不严	施工操作不当	企口榫应平铺，在板前钉扒钉，用楔块楔得拼缝紧密，再钉钉子
	板块宽度尺寸误差过大	挑选合格的地板材料，必须符合该等级质量标准要求
局部翘鼓	地面潮湿	地面应铺油纸隔潮；龙骨上刻通风槽；铺装时室内应干燥
	双层地板的下层毛地板拼缝太小或无缝	铺装毛地板应留 2 ~ 3mm 的缝隙

续表

质量问题	原因分析	预防措施
脱胶松动	对于实铺拼花木地板所选用的胶黏剂不当	必须正确合理选择胶黏剂，最好采用膏状胶黏剂
	地面有油污等不利于胶黏剂的粘贴	地面应干燥洁净，若有油污必须清除，但清油污料的选用不能影响胶黏剂的粘贴
	地面强度不够	地面必须具有足够的强度，不能出现起层现象
	地面不平整	地面必须平整，其平整度误差不大于 2mm
板块之间有裂缝	木地板自身含水率偏高	木地板的含水率应符合标准，其木材必须经过人工干燥处理，一般含水率小于 10%
	施工过程中胶黏剂掺水	在施工过程中，若胶黏剂过稠必须采用专用的稀释剂，不能用水
地板表面戗差	手电刨走速太慢	手电刨走速应适中，不能太慢
	手电刨吃刀太深	手电刨吃刀不能太深，吃浅一点多刨几次
地板表面不平整	地面基层本身不平整	基层表面必须平整，其平整度不大于 2mm
	龙骨或龙骨上的毛地板找得不平	龙骨顶面应用仪器找平，如不平应用垫木调整，用长度为龙骨高度 2～2.5 倍的木螺丝固定于基层上，不得用钉子钉固。龙骨高度应相等，误差不大于 ±1mm
	地板条起拱	对于潮湿的地面应做防潮处理，可涂防水柏油，同时地板下的龙骨上表面，每挡应做通风小槽，保证地板下空间气流干燥
席纹地板不方正	铺贴时找方不严	铺贴操作时，应严格找方
	板块长、宽尺寸偏差过大	铺贴前，对于不符合要求的木地板剔除
木踢脚板与地面板不垂直、表面不平、接缝有高低	踢脚板翘曲	踢脚板背面应设变形槽，槽深 3～5mm，槽宽不小于 10mm
	木楔钉固不牢或间距过大	墙体上的木楔间距不大于 400mm。对于加气混凝土墙或轻质墙，铺装踢脚板处应采取加固措施，使之牢固
	踢脚板本身成波浪形，质量不符合规定要求	安装踢脚板前，必须检查墙体上的木楔是否平直

6.2 塑料与塑胶地板铺设

6.2.1 塑料与塑胶地板铺设施工质量要求

（1）选用塑料与塑胶地板的品种、规格、色泽、图案应符合设计要求。其材质应符合现行有关材料标准和产品说明书的规定。

（2）铺贴所用胶黏剂必须符合使用环境和面层的要求，并通过试验进行选择。

（3）表面应平整、洁净、无松弛、起鼓、皱褶、翘边等缺陷。

（4）塑料与塑胶地板的颜色、光泽应一致，无明显错花、错格现象。

（5）塑料与塑胶地板拼缝处平整、密实，在视线范围内应不显拼缝。地毯接缝黏接应牢固，接缝严密，无明显接头、离缝。

6.2.2 塑料与塑胶地板铺设施工常见质量问题及防治措施

塑料与塑胶地板铺设易出现的质量问题及防治措施见表 6.3。

表 6.3 塑料与塑胶地板铺设易出现的质量问题及防治措施

质量问题	原因分析	防治措施
翘边	边部没有胶	地板背面涂胶要均匀一致
	边部的胶薄而过于干	按规定晾干一定时间后立刻粘贴
剥落	胶黏剂质量不好	选择适宜的优质胶黏剂
	基层强度低	基层要有足够的强度，符合设计要求
鼓泡	粘贴时气泡没有全部赶出	粘贴应平整，并将气泡全部赶出
高低不平	地面平整度不符合要求	地面平整度应满足要求，一般应小于 0.5mm
	地板存在厚度差	塑料或塑胶地板厚度应一致
接搓、板缝不严	弹线存在误差	弹线一定要认真准确
	施工不当	施工时必须严格按照操作规程进行
黏结不牢	地面强度不符合要求	基层要有足够的强度，符合设计要求
	选用的胶黏剂不匹配	通过试验选择适宜的胶黏剂

6.3 地毯铺设

6.3.1 地毯铺设施工质量要求

（1）选用地毯材料及衬垫材料品种、规格、色泽、图案应符合设计要求。其材质应符合现行有关材料标准和产品说明书的规定。

（2）地毯表面应平整、洁净、无松弛、起鼓、皱褶、翘边等缺陷。

（3）地毯的颜色、光泽应一致，无明显错花、错格现象。

（4）地毯拼缝处平整、密实，在视线范围内应不显拼缝。地毯接缝黏结应牢固，接缝严密，无明显接头、离缝。

（5）地毯固定牢固，不能卷边、翻起现象。地毯与其他地面收口或交接，应顺直，据不同部位选择合适的收口或交接材料。

（6）两块地毯对拼时，应对纹路、色泽、花色。在对拼缝处，应使用拼缝烫带连接，或使用麻布带胶合。

（7）门口处地毯或地毯对缝，都应处在门扇关闭时的下边。门口的地毯边应用铝合金压条包边，铝压条应与地面固定牢固。

（8）地毯四周边与倒刺板条嵌挂牢固、整齐、门口、进口处收口顺直、稳固。踢脚板处塞边必须严密，封口平整。

（9）地毯尺寸计算：测量楼梯踏步的深度与高度，将两数相加再乘以楼梯踏步级数，最后再加上 450 ~ 600mm 的余量，以便地毯在往后使用中可挪动常受磨损的位置。

6.3.2 地毯铺设施工常见质量问题及防治措施

1. 纯毛地毯地面常见质量问题与防治措施

纯毛地毯地面常见质量问题与防治措施见表 6.4。

表 6.4 纯毛地毯地面常见质量问题与防治措施

质量通病	原 因 分 析	防 治 措 施
外观表面不平整，有起鼓、皱褶现象	（1）地毯打开时出现鼓起现象，又未卷回头重新铺展。 （2）地毯铺设时，推张松紧不均，铺设不平伏，出现松弛状况。 （3）基层墙边阴角处地板木条上的抓钉未能抓住地毯，出现波浪状，易产生皱褶	（1）地毯打开时出现起鼓现象，必须立即卷回头再重新平稳展开，要注意表面平坦。 （2）铺设地毯时必须用膝掌逐段逐行、推张地毯，使多余拉紧，又平伏地面，并随即固定，防止松弛。 （3）在墙边阴角处地毯应剪裁合适，压进墙边，并用扁铲敲打，让地板木条上的抓钉能真正抓住地毯

续表

质量通病	原 因 分 析	防 治 措 施
花饰不对称	（1）对于要铺设的地毯未进行周密观察研究，没有区分无花饰和有花饰地毯的特点而盲目操作，两块连接的地毯花饰不对称。 （2）由于选购的地毯规格与房间铺设面积不相符，如果为了两块连接的地毯花饰对称，需切掉不对称部分，造成地毯面积不够，于是马虎铺设	（1）根据铺设面积，合理地选购适当规格的地毯。需注意如果是花饰地毯还应考虑保留裕量。 （2）地毯铺设前应先进行周密观察研究。花饰地毯的拼接与裁切要恰当。在接缝处用胶烫带细心粘贴，并将接缝碾平压实，不能搭缝或离缝
颜色不一致	（1）地毯的材质不良，易褪色，表面有花斑，颜色不统一。 （2）基层潮湿，或日光暴晒使地毯表面颜色发白变浅	（1）选用不易褪色，材质优良的地毯，不用次残品。 （2）应待基层基本干燥，含水率小于 8%，才能准许铺设地毯。 （3）尽量避免地毯处在日光下直接照射，或在有害气体的环境中施工

2. 化纤地毯楼地面常见质量问题与防治措施

化纤地毯地面常见质量问题与防治措施见表 6.5。

表 6.5　化纤地毯地面常见质量问题与防治措施

质量通病	原 因 分 析	防 治 措 施
翻边、卷边	（1）地毯固定不牢。 （2）黏结不牢	（1）墙边、柱边应钉好倒刺板，固定地毯。 （2）黏结固定地毯时，选用优质地毯胶，刷胶均匀，铺贴后应压平拉实
显拼缝、收口不顺直	（1）接缝绒毛未作处理。 （2）收口处未弹线，收口条不平直	（1）地毯接缝处用弯针做绒毛密实的缝合。 （2）收口处弹线；收口条沿线钉直
地毯发霉	（1）首层地面未作防潮处理。 （2）地面铺设地毯时，含水率过大	（1）首层地面必须做防水层防潮。 （2）地面含水率不大于 8%
拼缝处露底衬、露缝线	地毯接缝时未张平	接缝时，用撑子张平服贴后再缝合

3. 地毯楼梯常见质量问题与防治措施

地毯楼梯常见质量问题与防治措施见表 6.6。

表 6.6　地毯楼梯常见质量问题与防治措施

质量通病	原因分析	防治措施
位移、绊脚	（1）楼梯阴角两边的地板木条之间未留有间隙，地毯不能压进阴角。 （2）地板木条上突起的抓钉太稀，抓不住地毯	（1）楼梯铺设地毯时，在梯阶的阴角两边的地板木条应牢钉，并留有 1.5cm 的间隙，将拉紧后的地毯用扁铲压进阴角间隙，并让地板木条上的抓钉紧紧抓住地毯。 （2）地板木条上的抓钉如果太稀或损坏，应加钉或更换抓钉
转角包覆不实	（1）梯地毯铺设时，地毯未拉紧就包覆，地毯未能平伏梯阶的踢板（竖板）与踏板。 （2）阴角地板木条上的抓钉未抓住地毯，转角处地毯又未拉紧且包覆不严实，每阶踏板阴角又没有及时钉铝角防滑条，造成转角包覆不实	（1）地毯从高一级铺设起，在第一套转角处用螺钉将铝角防滑条拧紧，然后拉紧地毯，循踢板而下，平伏踢板，并用扁铲将地毯压进阴角，然后铺达第二阶转角处，同样拉紧地毯逐级操作。 （2）凡因包覆不实，影响行人踩踏的楼梯地毯应全部掀掉重新铺设

6.4 陶瓷地砖地面铺装

6.4.1 陶瓷地砖地面铺装施工质量要求

（1）材质及图案应符合设计要求。产品质量应符合国家及行业现行标准。

（2）铺贴应牢固，不松动。

（3）地面图案应清晰，无玷污、无浆痕等。

（4）表面色泽一致，接缝均匀，周边顺直，砖面无裂纹、掉角、缺棱等现象。

（5）坡度满足排水要求，不倒泛水、无积水，与地漏结合处要严密。

（6）踢脚板与地砖连接紧密。踢脚板上口平直，全长高差不大于±3mm，与墙面紧贴牢固，无缝隙。

（7）铺贴的地砖面层允许偏差及检验方法见表 6.7。

表 6.7　地砖面层允许偏差及检验方法

项　目	允许偏差（mm）	检　验　方　法
表面平整度	1	用 2m 靠尺和楔形塞尺检查
缝隙平直度	3	拉通线和尺量检查
接缝高低差	1	直尺和楔形塞尺检查
地砖之间缝隙宽度	≤ 1	尺量检查
踢脚板上口平直度	±3	拉通线和尺量检查

6.4.2　陶瓷地砖地面铺装施工常见质量问题及防治措施

陶瓷地砖地面铺装施工常见质量问题与防治措施见表 6.8。

表 6.8　陶瓷地砖施工常见质量问题与防治措施

质量问题	原　因　分　析	防　治　措　施
空鼓、起拱	地面批平时，水泥砂浆过干或漏批	批平地面的水泥砂浆应涂刷均匀，刷前应浇水湿润地面
	水泥砂浆过稀或水泥砂浆调配不当	铺贴地砖用的砂浆，应采用湿浆板底刮浆法，铺贴后的地砖必须倾紧
	铺贴前地砖未浸泡	地砖必须用水浸泡 2 ~ 3h，取出阴干无明水方可使用
	阳台地面受温度变化胀缩起拱	阳台地砖一般采用分仓缝断开
相邻地砖高低不平	地砖厚薄不一	剔除厚薄不均的不合格品
	个别厚薄的地砖未作处理	个别厚薄不一的地砖可用砂轮打磨
	水泥砂浆稠稀度不均	铺贴前水泥砂浆一定搅拌均匀
砖面污染	地砖受水泥浆污染	无釉地砖有较强吸浆性，严禁在铺好的地砖面上拌和水泥浆灌缝，可用稠水泥灌缝
	未及时揩除砖面上的水泥浆	缝隙挤出的水泥浆，应即时用棉纱擦干净

6.5 石材地面铺装

6.5.1 石材地面铺装施工质量要求

（1）相邻板块之间不允许出现高差。基层处理要干净，高低不平处要先凿平和修补，在抹底层水泥砂浆找平前，地面应洒水湿润，以提高与基层的黏结能力。

（2）铺装石材时必须安放标准块，标准块应安放在十字线交点，对角安装；安放石材时必须四角同时下落，并用橡皮锤或木锤敲击紧实平整；行列缝隙对直线的偏差，在 10m 内不得超过 3mm。

（3）要求地面色泽均匀，表面洁净，图案清晰，接缝均匀，周边顺直，板块无裂纹、掉角和缺棱等现象。

（4）板块间缝隙宽度：拉线检查大理石、花岗石等天然石材不大于 1mm，人造石材（如水磨石）不大于 2mm。

6.5.2　石材地面铺装施工常见质量问题及防治措施

石材施工常见质量问题及防治措施见表 6.9。

表 6.9　石材施工常见质量问题及防治措施

质量问题	原因分析	防治措施
板块空鼓	基层处理不洁净，结合不牢	基层应彻底清除灰渣和杂物，并用水冲洗干净、晾干
	结合层砂浆太稀	采用干硬性砂浆。砂浆应搅拌均匀
	基层干燥，水泥砂浆刷不匀，或已干	铺砂浆前先湿润基层，素水泥浆刷均匀后，随即铺结合层砂浆
	结合层砂浆未压实	结合层砂浆应拍实、揉平、搓毛
	施工方法不当	铺贴前，板块应浸水湿润。试铺后，浇素水泥浆正式铺贴。定位后，将板块均匀轻击压实
相邻板块接缝高差偏大	板块厚薄不均匀，角度偏差大	购买时一定要严格挑选板块质量，检查精度是否符合有关规定
	操作时检查不严，未严格按拉线对准	采用试铺方法，浇浆宜稍厚一些，板块正式落位后，用水平尺骑缝搁置在相邻板块上，直至板面齐平为止

第 **7** 章　细部及油漆工程

　　细部装饰指室内的装饰线、踢脚板、窗帘盒、门窗套，暖气罩、木花饰、博古架及壁橱、吊柜等固定家具的制作与安装工程。细部装饰不但具有使用功能，还兼有室内的装饰作用。在室内细部装饰往往处于醒目位置，使用者看得见摸得着，其质量的优劣引人注目。为此，细部装饰应严格选材，精心制作，仔细安装，力求工程质量达到规定标准。

　　油漆涂饰施工是室内装修工程项目施工完成之后的最后一道的关键工序，涂饰的好与坏直接关系到室内装饰的整体效果。因此，油漆涂饰施工技术人员必须具有一定的技术水平，同时也必须要掌握有关油漆涂饰的质量要求与常见质量问题及防治措施。

本章导读

木花格窗、博古架

木踢脚板安装

油漆涂饰

7.1 木花格窗、博古架

7.1.1 木花格窗、博古架施工质量要求

（1）所选用的材料应符合设计要求，含水率不应大于12%，如果所用木料有允许限值以内的死疖及直径较大的虫眼等缺陷时，应用同一树种的木塞加胶进行填补；对于清漆木花格窗和博古架，用的木塞应注意选择色泽和木纹，力求一致。

（2）刨面应光滑、平直，不得有刨痕、毛刺和锤印。

（3）割角应准确平整、接头及对缝应严密。

（4）各种木线应平整地固定在木结构上，其接头和阴阳角应衔接紧密，接口上下平齐。

（5）实木花格窗及博古架制成后，应立即刷一遍底油，防止受潮变形。

（6）木花格窗窗框和博古架的制成后，其与砖石砌体、混凝土或抹灰层接触处均应进行防腐处理。

（7）活动的木花格窗安装小五金应符合下列规定。

1）小五金应安装齐全，位置适宜，固定可靠。

2）合页距窗上、下端宜取立挺高度的 1/10，并避开上、下冒头。安装后应开启灵活。

3）小五金均应用木螺钉固定，不得用钉子代替。木螺钉应先打入 1/3 深度后，再拧入全部严禁打入全部螺钉。对于硬木，应先钻 2/3 深的孔，孔径为木螺钉的 0.9 倍，然后再拧入木螺钉。

7.1.2　筒子板安装施工的质量要求

（1）木材的树种、材质等级、规格应符合设计图纸要求及有关施工及验收规范的规定。

（2）龙骨料一般用红、白松烘干料，含水率不大于 12%，材质不得有腐朽、壁裂、扭曲等疵病，并预先经防腐处理。安装龙骨架必须平整牢固，为安装面板打好基础。

（3）面板颜色、花纹近似；用原木材作面板时，板材厚度不小于 15mm；要求拼接的板面，板材厚度不少于 20mm；筒子板外侧要与墙面齐平，割角要严密方正。

（4）筒子板作工要精细，尺寸正确，表面平直光滑，棱角方正，线条顺直，不露钉帽，无戗槎、刨痕、毛刺和锤印；安装要平稳，接缝严密，以保证使用功能和装饰效果。

7.1.3 木花格窗、博古架常见质量问题与防治措施

1. 木花格窗、博古架常见质量问题及防治措施

木花格窗、博古架常见质量问题及防治措施见表7.1。

表7.1 木花格窗、博古架常见质量问题与防治措施

质量通病	原 因 分 析	防 治 措 施
外框变形	（1）木材含水率超过规定。 （2）选材不适当。 （3）堆放不平，露天堆放无遮盖	（1）按规定含水率干燥干材。 （2）选用优质木材加工。 （3）堆放时，底面应支撑在一个平面内，上盖油布防止日晒雨淋。 （4）对变形严重者应予矫正
外框对角线不相等	（1）榫头加工不方正。 （2）拼装时未校正垂直。 （3）搬运过程中撞碰变形	（1）加工、打眼要方正。 （2）拼装时应校正垂直。 （3）搬运时留心保护
木材表面有明显刨痕，手感不光滑而且粗糙	木材加工参数，如进给速度，转速，刀轴半径等选用不当	调整加工参数，必要时可改用手工工具精刨一次
花格中的垂直立梃变形弯曲	（1）选用木材不当。 （2）保管不善，日晒雨淋。 （3）未认真检查杆件垂直度	（1）选用优质木材。 （2）爱护半成品，码放整齐通风。 （3）安装时应在两个方向同时检查
横向杆件安装位置偏差大	（1）加工安装粗糙。 （2）原有框架尺寸不准或整体外框变形	（1）认真加工，量准尺寸。 （2）不要使花格外框尺寸过大或小于建筑洞口尺寸，需加以修复
花格尺寸与建筑物洞口缝隙过大或过小	（1）框的边梃四周缝很宽，填塞砂浆会脱落。 （2）抹灰后，框边梃外露很少	（1）事先检查洞口与外框口尺寸误差情况，予以调整。 （2）将误差分散处理掉，不要集中一处

2. 门窗木筒子板的质量问题及防治措施

门窗木筒子板的质量问题、原因分析及防治措施见表7.2。

表 7.2 门窗木筒子板的质量问题、原因分析及防治措施

质量问题	原因分析	防治措施
结构洞口预留不准确，剔凿墙面；木砖及预埋件遗漏	（1）结构施工阶段，对装修图纸熟悉不够。 （2）预留孔洞尺寸不准确，预埋木砖和预埋件位置不准确，数量不足	（1）施工前，应认真熟悉施工图纸。 （2）对门窗洞口尺寸的具体做法、结构与装饰的关系、装饰对结构的要求等情况，在施工工艺中应提出明确要求。 （3）装饰较复杂工程，要设专人下预埋件，核对洞口尺寸
筒子板与门窗框入槽接触不严，表面不平，中间鼓面	（1）门窗四周没有裁口，有些门框背后有死弯或顺弯，木筒子板正面与门框背面接触不严。 （2）木筒子板龙骨与门框之间预留槽本身有误差，预留槽大了容易出现接触不严，小了容易出现鼓面。 （3）五合板厚薄不一致	（1）有筒子板的门窗框，加工时要有具体要求。 （2）四周要求裁口或者要求打出筒子板的槽，若加工时未裁口，进场以后应先裁口，以防门窗框背后不平，与筒子板面层接触不严。 （3）木龙骨安装留槽要准确，遇有胶合板厚薄不一致时，应薄板加工，厚板正面斜刨好后装入槽内，既严密又能防止鼓胀
筒子板与门框根部迎面不方	（1）操作时，根部不便使用方尺，只凭目测，容易出现不方正。 （2）筒子板龙骨在抹灰前粗装饰施工，经过抹灰工序因受潮或碰撞而变形，钉面层时又没有认真修理	（1）筒子板迎面根部操作时，应注意与门框平行套方。 （2）门洞角边龙骨要钉牢，钉面层以前要认真检查一次龙骨，若发现不方或其他问题应及时修理，然后进行面层加工，以确保其方正
对头缝不严，有黑纹	（1）操作时，先钉上面的板，后接下面的板，压力小。 （2）胶黏剂刷得过厚，又未用力将胶挤出，使缝内有余胶，产生黑纹	（1）接对头缝，正面与背面的缝要严，背后不能出现虚缝。 （2）先按下面板，后接上面板，接头缝的胶不能太厚，胶应稍稀一点，将胶刷匀，接缝时用力挤出余胶，以防拼缝不严和出现黑纹
对头缝花纹颜色不近似	（1）标准要求不高。 （2）操作者未认真选料。 （3）表面未用细刨净面而显得很粗糙	（1）施工前，应选择好面层板，接头处对好花纹，颜色要一致。 （2）板的木纹根部向下，顶部向上，不得倒头使用。 （3）使用前用细刨净面刨光
踢脚板冒出贴脸板，钉眼较大	（1）钉帽未打扁，又未顺着木纹向里冲，铁冲子太粗。 （2）设计裕量小，施工误差大。 （3）踢脚板冒出墙面不一致	（1）钉子要打扁一些，顺木纹钉入，将铁冲子磨成扁圆形和钉帽一般粗细。 （2）踢脚板出墙面要一致严格控制尺寸，设计要多考虑施工误差。 （3）将贴脸板加厚，或加贴脸墩，以保证踢脚板顶着贴脸不得冒出

7.2 木踢脚板安装

7.2.1 木踢脚板施工质量要求

竣工后的木踢脚板工程，必须满足如下质量要求。

（1）木踢脚板应钉牢墙角，表面平直，安装牢固，不应发生翘曲或呈波浪形等情况。

（2）目前一般采用气动打钉枪固定木踢脚板，若采用明钉固定时钉帽必须打扁并钉入板中 2～3mm，钉时不得在板面留下伤痕，板上口应平整。拉通线检查时，偏差不得大于 3mm 接槎平整，误差不得大于 1mm。

（3）木踢脚板接缝处应作斜边压槎胶黏法，墙面阴、阳角处宜做

45°斜边平整黏结接缝，不能搭接。木踢脚板与地坪必须垂直一致。

（4）木踢脚板含水率应按不同地区的自然含水率加以控制，一般不应大于18%，相互胶黏结缝的木材含水率相差不应大于1.5%。

（5）木踢脚板背面刷防腐剂；安装时，木踢脚板与立墙贴紧，上口要平直，钉接要牢固，用气动打钉枪钉接在防腐木块上；若用明钉钉接，钉帽要砸扁，并冲入板内2～3mm；油漆时用腻子填平钉孔，钉子的长度是板厚度的2.0～2.5倍，且间距不宜大于1.5m。

7.2.2　木踢脚板安装常见质量问题及预防措施

木踢脚板安装常见质量问题及预防措施见表7.3。

表7.3　木踢脚板安装常见质量问题与预防措施

质量通病	原因分析	预防措施
表面高低不平	地面平整度差，接茬不严密	（1）地面铺装平整度应符合要求，平整度误差不大于3mm。 （2）钉踢脚板前先在木砖上钉垫木，垫木拉通线找平
变形翘曲或呈波浪状	（1）固定不牢，平整度差。 （2）木踢脚板的含水率偏高	（1）在踢脚板靠墙的一面设两道变形槽，槽深3～5mm，宽度不小于10mm。 （2）应将踢脚板固定牢固，表面平直，踢脚板含水率不大于15%。 （3）踢脚板应在木地板面层刨光、磨光，检验合格后再安装
墙面明、阳角处搭接不齐	（1）踢脚板与地面不垂直。 （2）踢脚板上边不水平，铺钉时未拉通线	（1）踢脚板上口的平线要从水平控制线往下量，且要拉通线，不能直接放在木地板上。 （2）踢脚板铁钉尽量靠上部钉，确保与墙面完全接触无空隙

7.3 油漆涂饰

7.3.1 油漆涂饰施工质量要求

（1）所用材料的品种、质量、颜色必须符合设计要求和有关标准规定。

（2）所用腻子的塑性应满足施工要求，并按基层底漆、面漆的性能配套选用，腻子刮完后黏结牢固。

（3）基层应干燥，含水率不超过 8%。无脱层，空鼓和裂缝。

（4）木质表面可先用清油或油性清漆打底，为提高漆膜的光泽，可用木料封闭底漆打底，以防面层清漆被木料吸收，影响光泽。

（5）清漆工程应把木材棕眼刮平，做到木纹清楚、表面光亮柔和、光滑无挡手感，而且不能有漏刷、脱皮、斑迹。

（6）金属表面应选用防锈性能好的底漆，以增强防锈漆的附着力和防锈性能。

（7）混色油漆工程严禁有脱皮、漏刷、透底和反锈现象。

（8）混色油漆工程严禁有分色、裹棱现象；装饰线与分色浅平直度允许偏差不大于 1mm。

（9）漆膜表面颜色一致、无刷纹、无流坠、皱皮现象。

（10）五金、玻璃等不涂饰的表面应保持洁净。

（11）色漆的涂饰质量和检验方法见表 7.4。

表 7.4　色漆的涂饰质量和检验方法

项目	普通涂饰	高级涂饰	检验方法
颜色	基本一致	均匀一致	观察
木纹	棕眼刮平、木纹清楚	棕眼刮平、木纹清楚	观察
光泽、光滑度	光泽基本均匀、无挡手感	光泽均匀一致、光滑	观察、手摸检查
刷纹	刷纹通顺	无刷纹	观察
裹棱、流坠、皱皮	不允许	不允许	观察
装饰线、分色线、有线度允许偏差	2 mm	1mm	拉 5m 线；不足 5m 拉通线，用钢直尺检查

7.3.2　油漆涂饰施工常见质量问题及防治措施

油漆涂饰常见的质量问题与防治措施，见表 7.5。

表 7.5　质量问题与防治措施

质量问题	原 因 分 析	防 治 措 施
皱纹	（1）油漆干燥过程中，遇高温或太阳暴晒引起表面干燥过快，内部干燥跟不上。 （2）底漆与面漆不配套。 （3）漆中钴干料催干剂过多（钴干料在油漆中主要起促进漆膜表面干燥的作用）。 （4）涂刷油漆不均	（1）局部起皱，可待纹干透后，用粗砂纸反复将皱纹打平，补涂同种油漆至漆膜平整。 （2）全面起皱应在皱纹未干时，用油灰刀顺表面方向，依次将皱纹清除干净，干后用砂纸将底层打磨光洁，重新涂刷油漆。 （3）防止太阳暴晒
流坠	（1）油漆刷蘸油漆过多、涂层过厚。 （2）刷毛软、油漆稠、涂刷时未将漆膜刷平。 （3）操作不熟练，涂刷的油漆厚薄不均，厚处流坠。 （4）边缘棱角处的油漆未及时收净	（1）轻微的流附，在未达到表干前，立即用小漆刷或大画笔顺流坠方向从上向下轻轻刷平。 （2）大面积流坠，趁漆膜未干立即涂刷稀料，重新溶解漆膜，再用漆刷在流坠处横竖交替反复刷至漆膜厚薄均匀平整。 （3）已经干燥的流坠，先用油灰刀等工具清除一次，用砂纸打磨平整，再局部或全面补涂刷油漆一遍

质量问题	原　因　分　析	防　治　措　施
失光	（1）刷油漆后遇到大量的烟熏或水汽的侵蚀。 （2）油漆中加稀料过多，漆膜过薄。 （3）漆中颜料过多，油料（基料）过少，漆膜光泽被颜料吸去。 （4）底层漆未干透就涂面漆。 （5）油漆本身的质量问题	可在漆膜干燥后，选用优质油漆并选择干燥清洁的环境，均匀涂刷一遍、即可解决
刷痕明显	（1）漆刷过旧、刷毛过硬。 （2）油漆的涂膜干燥过快，涂刷速度过慢，刷纹不易流平。 （3）最后一遍油漆涂刷时用力过大。 （4）漆中颜料过多，油料少，漆膜流平性差。 （5）基层面吸收过强，涂刷困难而引起刷痕	用细砂布或水砂纸蘸水用力将刷痕打平、抹净、晾干，选用适应的刷具和优质漆料，根据该漆的干燥性能和涂刷性能，均匀补刷一遍面漆即可
粗糙	（1）施涂油漆后，遇上大风劲吹。 （2）基层面上杂质未清扫光洁。 （3）色漆在生产过程，未达到研磨细度要求，颜料过粗。 （4）漆刷或容器中含杂质过多。 （5）油漆中含碎漆皮较多，使用前未经过滤处理。 （6）油漆储存时间过长、发生质变。 （7）几种不同性质的油漆混合，混溶性差	采用与防治"刷痕明显"的相同方法进行处理修补
起泡	（1）木质基层含水率过高，漆膜遇高温或日晒后，木质基层的蒸发物及挥发物就会冲出。 （2）雨天施涂油漆后，又经日晒也易起泡。 （3）溶剂选择不当，或用量过多，或挥发太快	（1）起泡较少、可用针扎孔放气，用手指轻轻按平，使其黏合。 （2）起泡较多，应待漆膜干透，用木砂纸或水砂纸仔细将泡打磨平整，而后，补刷油漆

续表

质量问题	原因分析	防治措施
慢干和回黏	（1）油漆施涂太厚、底层长期不得干燥所致。 （2）钴催干剂用量过多。 （3）刷漆后漆膜受冷气、水汽的侵蚀。 （4）基层处理不彻底，如木质基层上的油沁、松脂等未清除，渗入漆膜，形成慢干至发黏。 （5）底漆未干，就涂刷面漆	（1）局部慢干和发黏：可用油灰刀清除表漆，然后用布蘸酒精或丙酮等溶剂彻底擦清油污、松脂，干后补涂同类油漆。 （2）全面慢干和发黏：应先将表漆清涂，然后根据产生的原因，采用不同方法重新涂布面漆
缩漆（也称发笑）	（1）底漆中掺了不干性油，油漆溶解性很差。 （2）底层漆膜太光滑，造成面漆张力不均。 （3）溶剂选用不当，挥发太快，漆膜来不及流平产生收缩。 （4）漆中混入了水分。 （5）底层表面沾有油污或涂漆后受烟熏	（1）如因底层沾有油污或底漆中掺有煤油、柴油，可在未干时，可用布蘸汽油将漆膜擦掉，再蘸溶剂反复将油污擦净、干透，用砂纸打平，补刷漆一遍即可。 （2）如因漆质或底层太光滑，可在漆膜干透后，用水砂纸打毛，抹净后再涂漆一遍即可
开裂	（1）底、面漆不配套，因面漆干燥快而漆膜硬，缺乏弹性，造成两层漆膜伸缩力不一致。 （2）底层涂漆过厚，未干就涂面漆。 （3）色漆使用前没有充分搅匀，漆桶内上部漆料多，下部颜色多。 （4）面漆中挥发性溶剂太多。 （5）配方中催干剂用量太多，促使漆膜老化加快。 （6）涂漆不久气温发生急剧变化。 （7）底层潮气过大，涂漆后经日晒，内部水蒸发引起开裂	（1）涂面漆须待底漆干透。 （2）底漆不可涂刷过厚（$20\mu m$）为宜。 （3）面漆中溶剂要配套，用量要适当。 （4）底面漆要配套。 （5）涂漆时注意施工环境，掌握天气变化。 （6）油基漆中催干剂用量要适当、合理（加钴干料能促使漆膜表面干燥，铝干料能促使内部干燥，锰干料能促使里外干燥等）不可乱用。 （7）处理基层要严格，对酸、碱、水、油污等物要清除干净。 （8）涂各种色漆时，要彻底搅拌均匀

续表

质量问题	原因分析	防治措施
渗色（渗透、洇色）	（1）在底层油漆未充分干透的情况下涂刷面层油漆。 （2）一般的底层油漆上涂刷强溶剂的面层油漆。 （3）底层油漆中使用了有机颜料（如酞菁蓝、酞菁绿）、沥青、杂酚油等。 （4）木材中含有机染料，木脂等，如不涂封底漆，日久或在高温情况下，易出现渗色。 （5）底漆颜色深，面漆颜色浅	（1）底层油漆充分干后，再涂刷面层油漆。 （2）底漆和面漆应配套使用。 （3）底漆中最好选用无机颜料或抗渗色性好的有机颜料，避免沥青、杂酚油等混入。 （4）木材中的染料、木脂应清除干净，并用虫胶漆进行封底，待干后再施涂面层油漆。 （5）面层油漆的颜色一般应比底层油漆深
咬底	（1）在一般底层油漆上刷涂强溶剂型的面层油漆。 （2）底层油漆未完全干燥就涂刷面层油漆。 （3）涂刷面层油漆，动作不迅速，反复涂刷次数过多	（1）底漆和面漆应配套使用。 （2）应待底层油漆干透后，再刷面层油漆。 （3）涂刷强溶剂型油漆，应技术熟练、操作准确、迅速，反复次数不宜多。 （4）咬底处理：应将涂层全部铲除洁净，待干燥后，再进行一次涂饰施工
泛白	（1）喷施中，油水分离器失效，水分带进油漆中。 （2）快干油漆施工中使用大量低沸点的稀释剂。 （3）快干挥发性油漆在低温、高温度的条件下施工，使部分水汽凝结在漆膜表面形成白雾状。 （4）凝结在湿漆膜上的水汽，使漆膜中的树脂或高分子聚合物部分析出。 （5）基层潮湿或工具内带有大量水分	（1）喷涂前，应检查油水分离器，不能漏水。 （2）快干油漆施工中应选用配套的稀释剂，而且稀释剂的用量也不宜过多。 （3）快干挥发性油漆不宜在低温、高温度的场所中施工。 （4）在油漆中加入适量防潮剂（防白剂）或丁醇类憎水剂。 （5）基层应干燥，清除工具内的水分

续表

质量问题	原 因 分 析	防 治 措 施
漆膜脱落	（1）基层处理不当，表面有油垢、锈垢、水汽、灰尘或化学药品等。 （2）在潮湿或霉染了的砖、石和水泥基层上涂装，涂料与基层黏结不良。 （3）每遍涂膜太厚。 （4）底层涂料的硬度过大，涂膜表面光滑，使底层涂料和面层涂料的结合力较差	（1）施涂前，应将基层处理干净。 （2）基层应当干燥，和除去霉染物后再涂刷油漆。 （3）控制每遍油漆的漆膜厚度。 （4）注意底漆和面漆的配套，应选用附着力和润湿性较好的底漆
发汗	（1）树脂含量较少的亚麻子油或熟桐油膜，易发汗。 （2）施工环境潮湿、黑暗、或湿热，涂膜表面凝结水分，通风不良，更易发生。 （3）涂膜氧化未充分，或长油度漆未能从底部完全干燥。 （4）金属表面有油污，或有旧涂层的石蜡、矿物油等	（1）加强通风，促使漆膜氧化和聚合。待底层油漆完全干燥后再涂上层油漆。 （2）施涂前，将油污、旧涂层彻底清除干净后，再涂油漆。 （3）发汗处理：一般应将漆层铲除清理，重新进行基层处理后，再进行涂饰施工
表面颗粒	（1）室内空气不洁净。 （2）漆刷中夹有杂质。 （3）涂料中的颜料没有充分研磨颗粒太大	（1）油漆涂饰施工时，必须保持室内空气洁净。 （2）漆刷用前，必须清洗干净；盛漆的容器要洁净。 （3）若油漆中添入颗粒颜料，必须充分研磨后放入
螺钉锈蚀	（1）采用容易锈蚀的螺钉。 （2）螺钉外漏。 （3）防锈漆没有将螺钉涂抹全部	（1）采用不生锈的不锈钢螺钉。 （2）固定螺钉时，使每个螺钉均嵌入板内 0.5 ~ 7mm。 （3）点防锈漆时，使每个螺钉均全部涂抹严实
阴阳角不顺直	油漆工在阴阳角施工时，没有进行弹线控制	在每个阴阳角施工时，必须先弹线进行控制，同时用靠尺作辅助工具，保证阴阳角顺直

质量问题	原 因 分 析	防 治 措 施
面层 不平整	（1）基层没找平。 （2）基层已找平，但涂料刷涂不均匀	（1）基层面施工后，用3m靠尺先仔细进行检查，保证基层平整后才涂料。 （2）涂刷涂料时，均匀涂刷，不遗漏
线条不顺直、接缝高低、表面粗糙	（1）基层不好。 （2）线条的材料不好或特殊要求定做前没放样。 （3）线条安装的质量差。 （4）油漆工修边不仔细、敷衍了事	（1）基层必须验收合格后方可进行线条安装。 （2）特殊造型的线条，必须先放样后定做，材料进场，按放样的结果验收，不合格的剔除。 （3）严格控制安装质量，达不到要求的坚决返工。 （4）加强油漆工的质量意识培训，加强检查及奖罚制度

第 **8** 章 水电工程

　　水电安装的质量是建筑室内装修工程的一项重要组成部分，国家有关部门及各地方管理单位均有明确的规定。随着我国经济的迅速发展，人们对居住环境要求越来越高，同时对建筑中的水电安装质量要求也进一步提高。但是由于种种原因，许多工程中水电安装质量都存在着各种问题，轻者影响到居民的正常生活，严重者甚至会影响到整个建筑工程的质量。基于以上现象，本章分析了水电安装中存在的一些常见的问题，并针对这些问题提出了相应的防治措施，以减少在施工中出现的事故。

本章导读

给排水工程

电气安装工程

8.1 给排水工程

8.1.1 管道基本要求和安装要求

1. 管道基本要求

（1）给排水管材、管件的质量必须符合标准要求，排水管应采用硬质聚氯乙烯排水管材、管件。

（2）施工前需检查原有的管道是否畅通，然后再进行施工，施工后再检查管道是否畅通。隐蔽的给水管道应经通水检查，新装的给水管道必须按有关规定进行加压试验，应无渗漏，检查合格后方可进入下道工序施工。

在没有加压条件下按下列方法测试。

1）关闭水管总阀（即水表前面的水管开关）。

2）打开房间里面的水龙头20分钟，确保没水再滴后关闭所有的水龙头。

3）关闭马桶水箱和洗衣机等具蓄水功能的设备进水开关。

4）打开水管总阀。

5）打开总阀后 20 分钟查看水表是否走动，包括缓慢的走动；如果有走动，即为漏水了；如果没有走动，即是没事。

（3）排水管道应在施工前对原有管道临时封口，避免杂物进入管道。

（4）管外径在 25mm 以下给水管的安装，管道在转角、水表、水龙头或角阀及管道终端的 100mm 处应设管卡，管卡安装必须牢固。管道采用螺纹连接，在其连接处应有外露螺纹。安装完毕应及时用管卡固定，管材与管件或阀门之间不得有松动。

（5）安装的各种阀门位置应符合设计要求，便于使用及维修。

（6）所有接头、阀门与管道连接处应严密，不得有渗漏现象，管道坡度应符合要求。

（7）各种管道不得改变管道的原有性质。

（8）日常使用中，如果发现如下情况，尽快检查有关管道。

1）墙漆表面发霉出泡。

2）踢脚线或者木地板发黑及表面出现细泡。

2. 管道安装要求

（1）管道排列应符合设计要求，管道安装应固定牢固、无松动，龙头、阀门安装平整，开启灵活，出水畅通，水表运转正常。

（2）管道与器具、管道与管道连接处均应无渗漏。

（3）水管安装不得靠近电源，水管与燃气管的间距应不小于 50mm。

8.1.2 卫浴设备安装的基本要求

（1）卫生洁具外表洁净无损坏。卫生洁具安装必须牢固，不得松动，排水畅通无堵，各连接处应密封无渗漏；阀门开关灵活。采用目测和手感方法验收。

（2）卫生洁具的给水连接管，不得有凹凸弯扁等缺陷。

（3）卫生洁具固定应平稳、牢固，不得在多孔砖或轻型隔墙中使用膨胀螺栓固定卫生器具。

（4）卫生洁具与进水管、排污口连接必须严密，不得有渗漏现象；坐便器应用膨胀螺栓固定安装，并用油石灰或硅酮胶连接密封，底座不得用水泥砂浆固定；浴缸排水必须采用硬管连接。

（5）按摩浴缸的电源必须用插座连接，严禁直接接电源；电机试机前必须先放水后开机，连接处应无渗漏。

（6）冲淋房底座应填实，底座安装平整无积水，排水管应采用硬质管连接，冲淋房的玻璃采用安全玻璃，冲淋房与墙体结合部应无渗漏现象。

（7）安装完毕后进行不少于 2h 盛水无渗漏试验，盛水量分别为：便器低水位应盛至扳手孔以下 10mm 处；各种洗涤盆、面盆应盛至溢水口；浴缸应盛至不少于缸深的 1/3；水盘应盛至不少于盘深的 2/3。

8.1.3 给排水工程质量验收标准及检验方法

1. 给水管道及配件

（1）主控项目。

1）室内给水管道的水压试验必须符合设计要求。当设计未注明时，各种材质的给水管道系统试验压力均为工作压力的 1.5 倍，但不得小于 0.6MPa。

2）给水系统交付使用前必须进行通水试验并做好记录。

（2）一般项目。

1）室内给水管道与排水管道平行敷设时，两管间的最小水平净距不得小于 0.50m；交叉铺设时，垂直净距不得小于 0.15m。给水管道应铺在排水管道的上面，若给水管道必须铺在排水管道的下面时，给水管道应加套管，其长度不得小于排水管道管径的3 倍。

2）给水水平管道应有 2‰～5‰的坡度坡向泄水装置。

3）给水管道和阀门安装的允许偏差，见表 8.1。

表 8.1　管道和阀门的允许偏差和检验方法

项目			允许偏差（mm）	检验方法
横管弯曲度	钢管	每 1m	1	用水平尺、直尺、拉线和尺量检查
		全长（25m 以上）	≤ 25	
	塑料管复合管	每 1m	1.5	
		全长（25m 以上）	≤ 25	
立管垂直度	钢管	每 1m	3	吊线和尺量检查
		全长（5m 以上）	≤ 8	
	塑料管复合管	每 1m	2	
		全长（5m 以上）	≤ 8	

2. 排水管道及配件

（1）主控项目。

1）隐蔽或埋地的排水管道在隐蔽前必须做灌水试验，其灌水高度应不低于底层卫生器具的上边缘或底层地面高度。

2）生活污水塑料管道的坡度必须符合设计或表 8.2 的规定。

表 8.2　生活污水塑料管道的坡度

管径（mm）	标准坡度（‰）	最小坡度（‰）
50	25	12
75	15	8
110	12	6
125	10	5
160	7	4

3）排水塑料管必须按设计要求及位置装设伸缩节。如设计无要求时，伸缩节间距不得大于 4m。高层建筑中明设排水塑料管道应按设计要求设置阻火圈或防火套管。

（2）一般项目。

1）排水塑料管道的支架、吊架间距应符合表 8.3 的规定。

表 8.3 排水塑料管道支吊架最大间距

管径（mm）	50	75	110	125	160
立管（m）	1.20	1.50	2.00	2.00	2.00
横管（m）	0.50	0.75	1.10	1.30	1.60

2）用于室内排水的水平管道与水平管道、水平管道与立管的连接，应采用 45° 三通或 45° 四通和 90° 斜三通或 90° 斜四通。立管与排出管端部的连接，应采用两个 45° 弯头或曲率半径不小于 4 倍管径的 90° 弯头。

3）室内排水管道安装的允许偏差应符合 8.4 的规定。

表 8.4 室内排水管道安装的允许偏差和检验方法（塑料管道）

项 目		允许偏差（mm）	检验方法
坐标		15	用水准仪（水平尺）、直尺、拉线和尺量检查
标高		± 15	
横管弯曲度	每 1m	1.5	
	全长（25m 以上）	≤ 38	
立管垂直度	每 1m	3	吊线和尺量检查
	全长（5m 以上）	≤ 15	

3. 卫生器具安装

（1）主控项目。

1）排水栓和地漏的安装应平正、牢固，低于排水表面，周边无渗漏。地漏水封高度不得小于 50mm。

2）卫生器具交工前应做满水和通水试验。

（2）一般项目。

1）卫生器具安装的允许偏差应符合表 8.5 的规定。

表 8.5 卫生器具安装的允许偏差和检验方法

项目	允许偏差（mm）	检 验 方 法
坐标	10	拉线、吊线和尺量检查
标高	± 15	
水平度	2	用水平尺和尺量检查
垂直度	3	吊线和尺量检查

2）有饰面的浴盆，应留有通向浴盆排水口的检修门。

3）卫生器具的支架、托架必须防腐良好，安装平整、牢固，与器具接触紧密、平稳。

4. 卫生器具给水配件安装

（1）主控项目。卫生器具的给水配件应完好无损伤，接口严密，启闭部分灵活。

（2）一般项目。卫生器具的给水配件安装标高的允许偏差应符合表 8.6 的规定。

表 8.6 卫生器具给水配件安装标高的允许偏差

项 目	允许偏差（mm）
坐便器水箱角阀及截止阀	± 10
水嘴	± 10
浴盆软管淋浴器挂钩	± 20

5. 卫生器具排水管道安装

（1）主控项目。连接卫生器具的排水管道接口应紧密不漏，其固定支架、管卡等支撑位置应正确、牢固，与管道的接触应平整。

（2）一般项目。连接卫生器具的排水管管径和最小坡度，如设计无要求时，应符合表 8.7 的规定。

表 8.7　连接卫生器具的排水管管径和最小坡度

卫生器具	排水管管径（mm）	最小坡度（‰）
洗脸盆	32 ~ 50	20
浴盆	50	20
淋浴器	50	20
坐便器	100	12
家用洗衣机	50（软管为 30）	

8.1.4　给排水安装工程常见问题

1. 管道

（1）管道的渗漏及阻塞。

1）排水横管坡度控制不合理，造成倒坡现象，引起渗漏。

2）管件有砂眼、或者裂缝，或者管壁厚薄不均匀，造成管道的渗漏；铸铁排水管的承插接口如果用水泥砂浆抹口，或者镀锌管丝扣连接处外游螺纹不符合要求，连接螺杆处露出螺母长短不一也会导致管道的渗漏。

3）镀锌管锌层太薄会造成渗漏；铸铁管的外壁粗糙，其管径不足，承口变短或者 PVC 和 PPR—U 管质量存在问题（本身没有合格证书、缺乏标志、管材、管件色泽不一致）均会产生渗漏；另外如果管件安装质量差，特别是承插接口处不密实，有缝隙，这些也会造成管道的渗漏。

（2）防治措施。

1）排水横管坡度控制应合理，符合设计要求。

2）管件无砂眼、裂缝，管壁厚度均匀；铸铁排水管的承插接口如果用水泥砂浆抹口，或者镀锌管丝扣连接处外游螺纹符合要求，连接螺杆处露出螺母长短一致。

3）镀锌管锌层保证一定的厚度；PVC 和 PPR—U 管质量必须符合国家标准；管件安装时，特别是承插接口处要密实，无缝隙。

2. 卫生器具

（1）常见问题。

1）卫生器具及配件的安装尺寸不符合标准图要求；卫生器具或者给排水配件材质差；初装饰工程中坐式大便器排出口预留位置不正确等。

2）铸铁排水管检查口质量较差，设置位置不合理；清扫口离墙净距不符合要求；地漏没有进行水封，初装饰工程地漏安装太多的无堤位等。

（2）防治措施。

1）卫生器具及配件的安装尺寸符合标准图要求；卫生器具或者给排水配件材质符合设计和有关标准的要求；坐式大便器排出口预留位置应正确。

2）排水管检查口设置位置要合理；清扫口离墙净距符合要求；地漏进行水封，地漏的安装要堤位。

8.2　电气安装工程

8.2.1　线路基本要求和安装要求

1. 基本要求

（1）每户应设置分户配电箱，配电箱内应设漏电断路器，漏电动作电流应不大于 30mA，有过负荷、过电压保护功能，并分数路出线，分别控制照明、空调、插座等，其回路应确保负荷正常使用。

（2）导线的敷设应按装饰设计规定进行施工，线路的短路保护、过负荷保护、导线截面的选择，低压电气的安装应按国家现行标准和地方有关规定进行。

（3）室内布线除通过空心楼板外均应穿管敷设，并采用绝缘良好的单股铜芯导线。穿管敷设时，管内导线的总截面积不应超过管内径截面积的 40%，管内不得有接头和扭结。导线与电话线、闭路电视线、通信线等不得安装在同一管道内。

（4）照明及电热负荷线径截面的选择应使导线的安全载流量大于该分路内所有电器的额定电流之和，各分路线的容量不允许超过进户线的容量。

（5）接地保护应可靠，导线间和导线对地间的绝缘电阻值应大于 0.5MΩ。

（6）进户的 PVC 塑料导线管的管壁厚度应不小于 1.2mm。

（7）电暖器安装不得使用普通插座，不得直接安装在可燃构件上，卫生间插座宜选用防溅式。

（8）吊平顶内的电气配管，应按明配管的要求，不得将配管固定在平顶的吊架或龙骨上。灯头盒、接线盒的设置应便于检修，并加盖板。使用软管接到灯位的，其长度不应超过 lm。软管两端应用专用接头与接线盒、灯具连接牢固，金属软管本身应做接地保护，各种强、弱电的导线均不得在吊平顶内出现裸露。

2. 安装要求

（1）工程竣工后应向业主提供线路走向位置尺寸图，并按上述要求逐一进行验收，需隐蔽的电气线路应在业主验收合格后方可进行隐蔽作业。

（2）导线与燃气管路的间隔距离按表 8.8 的规定。

表 8.8　导线与燃气管道间隔距离　　　　　　　　　单位：mm

类别位置	导线与燃气管之间距离	电气开关接头与燃气管间距离
同一平面	≥ 100	≥ 150
不同平面	≥ 50	

（3）施工完毕，应进行电器通电和灯具试亮试验，验证开关、插座性能是否良好。

8.2.2　室内电气安装质量要求

1. 电线导管敷设

（1）主控项目。

1）金属导管和线槽必须接地或接零。

2）金属导管严禁对口熔焊连接；镀锌和壁厚不大于 2mm 的钢导管不得套管熔焊连接。

3）绝缘导管在砌体上剔槽埋设时，应采用强度等级不小于 M10 的水泥砂浆抹面保护，保护层厚度大于 15mm。

一通　外角　内角　中小三通

PVC线槽

开关接线盒

开关接线盒

三通　大小接　插座接线盒

插座、开关安装

（2）一般项目。

1）暗配的导管，埋设深度与建筑物表面的距离不应小于15mm；明配的导管应排列整齐，固定点间距均匀，安装牢固。

2）绝缘导管敷设时，管口平整光滑；管与管、管与盒等器件采用插入法连接时，连接处结合面涂专用咬黏剂，接口牢固密封；当设计无要求时，埋设在墙内或混凝土内的绝缘导管，采用中型以上的导管；植埋于地下或楼板内的刚性绝缘导管，在穿出地面或楼板易受损伤的一段，应采取保护措施。

3）导管在建筑物变形缝处，应设置补偿装置。

2. 电线穿管

（1）主控项目。

1）三相或单相的交流单芯电缆，不得单独穿于钢管内。

2）不同回路、不同电压等级和交流与直流的电线，不应穿于同一导管内；同一交流回路的电线应穿于同一金属导管内，且管内导线不得有接头。

（2）一般项目。电线穿管前，应清除管内杂物和积水。管口应有保护措施，不进入接线盒的垂直管口穿入电线后，管口应予密封。

多相供电时，同一建筑物的电线绝缘层颜色应选择一致。保护地线为黄绿相间色，零线用淡蓝色；相线：A相为黄色；B相为绿色;C 相为红色。

3.灯具安装

（1）主控项目。灯具固定规定：灯具重量在 3kg 以上时，固定在螺栓或预埋吊钩上。灯具固定牢固可靠，不使用木楔。

（2）一般项目。

1）引向每个灯具的导线线芯最小截面面积应符合铜芯软线 $0.5mm^2$、铜线 $0.5mm^2$、铝线 $2.5mm^2$。

2）灯具及配件齐全，无机械损伤、变形、涂层剥落和灯罩破裂等缺陷；灯头的绝缘外壳不破损和漏电；带有开关的灯头，开关手柄无裸露的金属部分；当采用螺口灯头时，相线接在灯头中间的端子上。

4.插座、开关安装

（1）主控项目。

1）插座接线规定：单相两孔插座，面对插座的右孔或上孔连接相线，左孔或下孔连接零线；单相三孔插座，面对插座的右孔连接相线，左孔连接零线；单相三孔插座的上孔连接接地线或接零线；接地或接零线在插座间不能串联连接。

2）照明开关安装规定：同一建筑物内的开关采用同一系列的产品，开关的通断位置一致，操作灵活，接触可靠。相线经开关控制，无软线引至床边的床头开关。

（2）一般项目。

1）当不采用安全型插座时，托儿所、幼儿园及小学等儿童活动场所安装高度不低于 1.8m；同一室内插座安装高度一致；暗装的插座面板紧贴墙面，四周无缝隙，安装牢固，表面整洁无碎裂、划伤，装饰帽齐全。

2）照明开关安装位置便于操作，开关边缘距门框边缘的距离为 0.15 ~ 0.20m，开关距地面高度 1.3m；相同型号并列安装或同一室内开关安装高度一致；暗装的开关面板紧贴墙面。四周无缝隙，安装牢固，表面整洁无碎裂、划伤，装饰帽齐全。

8.2.3　电气安装工程常见问题和防治措施

1. 使用设备与材质不符合要求

（1）原材料来源渠道多，有的缺少质保书。

（2）安装时，施工人员没有上岗证，或没有按照有关规定要求进行施工。

（3）交叉作业施工带来的影响。

2. 防治措施

（1）原材料必须符合国标要求，保证质量。

（2）安装人员持有上岗证，严格按照操作规程进行施工。

（3）电气安装施工，避开交叉作业。

（4）安装后应进行系统调试。

（5）灯具回路控制与照明配电箱及回路的标识一致；开关与灯具控制顺序相对应。

（6）住宅照明系统通电试运行时间为 8h，所有照明灯具均应开启，且每 2h 记录运行状态 1 次，连续试运行时间内无故障。

参 考 文 献

[1] 周景斌，赵朝，李国科．体育馆用木地板的结构及铺装工艺［J］．陕西林业科技，2004（2）：56-59.

[2] 王宏棣，黄海兵，李蕾．体育馆木地板的功能与检测［J］．林业科技，2006（4）：50-51.

[3] 周经兵．工民建工程中水电安装施工常见问题探析［J］．现代商贸工业，2011（11）：254-255.

[4] 王宏棣．体育馆用木质地板结构与性能的研究［D］．北京：中国林业科学研究院博士论文，2008.

[5] 郭谦．室内装饰材料与施工［M］．北京：中国水利水电出版社，2009.

[6] 王双科，邓背阶．家具涂料与涂饰工艺［M］．北京：中国林业出版社，2005.

[7] 郭洪武，李黎．室内装饰工程［M］．北京：中国水利水电出版社，2010.

[8] 王宏棣，吕斌，等．GB/T 20239—006 体育馆用木质地板［S］．北京：中国标准出版社，2006.

[9] 关放，王铁力，等．GB/T 15036—2009 实木地板［S］．北京，中国标准出版社，2009.

[10] 孙和根，彭立民，等．GB/T 24507—2009 浸渍纸层压板饰面多层实木复合地板［S］．北京：中国标准出版社，2009.

[11] 吕斌，唐召群，等．GB/T 20238—2006 木质地板铺装、验收和使用规范［S］．北京：中国标准出版社，2006.

［12］ 王燕，孙和根，等 . GB/T 24599—2009 室内木质地板安装配套材料［S］. 北京：中国标准出版社，2009.

［13］ 高志华，杨美鑫，等 . WB/T 1030—2006 木地板铺设技术与质量检测［S］. 北京：中国标准出版社，2006.

［14］ 高志华，杨美鑫，等 . WB/T 1037—2008 地面辐射供暖木质地板铺设技术和验收规范［S］. 北京：中国标准出版社，2008.

［15］ 朱希斌，彭纪俊，等 . DBJ/T 01—27—2003 高级建筑装饰工程质量验收标准［S］. 北京：中国物价出版社，2003.

［16］ 孟小平，侯茂盛，等 . GB 50210—2001 建筑装饰装修工程质量验收规范［S］. 北京：中国建筑工业出版社，2001.

［17］ 胡波，郭洪武，等 . 现代楼梯设计与创新［J］. 家具与室内装饰，2012（7）：48-49.

［18］ 芮乙轩 . 楼梯文化［M］. 北京：文汇出版社，2010.

［19］ 翟跃忠，陈旭晔，等 .GB/T 11981—2008 建筑用轻钢龙骨［S］. 北京：中国标准出版社，2008.